# CÓMO LAS MATEMÁTICAS CONECTAN CON TU VIDA
## (AUNQUE TE FASTIDIE)

ÁNGEL MUÑOZ ÁLVAREZ

# CÓMO LAS MATEMÁTICAS CONECTAN CON TU VIDA
# (AUNQUE TE FASTIDIE)

·EDICIONES·PANGEA·

**Primera edición:** noviembre de 2024

**Del texto:** © Ángel Muñoz Álvarez

**De esta edición:** © Ediciones Pangea, 2024
41720 Los Palacios y Villafranca, Sevilla
www.edicionespangea.com

**Edición al cuidado de** José Peña Fierro
**Composición de cubierta:** Vicent Dolçura

**ISBN:** 978-84-128804-6-5
**Depósito Legal:** SE 2179-2024
**Impresión:** Ulzama Digital
Impreso en España / *Printed in Spain*

*Dedicado a todas las personas de inteligencia
mediocre que a base de estudio, trabajo y sacrificio
hacen creer al resto que son superdotadas...*

*... y a los veranos en Pozoantiguo (Zamora).*

# Índice

*Un alumno le pregunta a su maestro:*

*—¿Por qué no avanzo en mi técnica, maestro?*

*El maestro contesta:*

*—¿Has visto el atardecer cuando las gaviotas vuelan flamantes por la llanura?*

*—Sí, maestro.*

*—¿Y el agua de la cascada golpeando las rocas sin conseguir nada?*

*—Sí, maestro.*

*—¿Y la luna reflejarse en el agua tranquila?*

*—Sí, maestro.*

*—¡Ese es tu problema, te pasas la vida viendo tonterías y no te pones a practicar!*

# Introducción

Son ya muchos años dedicados a enseñar Matemáticas y, aunque los alumnos cambian, hay formas de proceder de estos a las que uno se enfrenta de forma periódica: pasarse por el forro las identidades notables, no simplificar los resultados, derivar $x/2$ como un cociente… y preguntas que todos los cursos acaban por llegar: ¿cuándo es la recuperación (de este examen que aún no he corregido siquiera)?, ¿por qué me has tachado que $2/0 = 0$? O la famosa ¿y esto para qué sirve?

Para los que hemos estudiado Matemáticas «puras», es decir, que no teníamos ni Física ni Química ni nada parecido en la carrera, la respuesta a esta pregunta se basa en comentarios al margen que hemos oído durante las clases, porque lo nuestro son los teoremas, corolarios, demostraciones… Lo de aplicarlo a la práctica era una especie de «bajeza» propia de físicos, ingenieros, químicos y gentes así. Pero no tienen que pasar muchos días desde que uno entra en el aula para ver lo importante que es saber contestar a esa pregunta… y lo difícil, porque muchas veces lo que se enseña en el instituto son solo herramientas que se usarán más adelante, un «más adelante» que hay alumnos a los que nunca les llega por los itinerarios que escogen y que tienen la sensación de haber perdido el tiempo con tanto número.

Para aclarar lo que quiero decir, me gustaría poner aquí un ejemplo del que hablo todos los años en clase. Es como si un día nos enseñaran a manejar un destornillador. ¿Para qué sirve eso? Pues si no tengo ningún tornillo a mano, en realidad, para nada... y hay gente que se muere sin haber cogido uno en su vida. Al día siguiente me enseñan la llave inglesa, al otro los alicates y así un día y otro día. ¿En qué momento de nuestra vida le veremos utilidad a eso? El que se dedique a la mecánica no podrá vivir sin ello y el que se dedique a la filología pues para nada... ¿nada? Bueno, en realidad, tampoco es así. Habrá trabajado la motricidad, desarrollado capacidades de organización, estará en condiciones de valorar el trabajo que un mecánico hace y no pensará que los aparatos funcionan por arte de magia.

Y eso pasa con las Matemáticas, son un conjunto de herramientas sin las que un físico, un ingeniero, un arquitecto... no puede vivir, pero a las que no se les ve la utilidad de forma inmediata. ¿Y los que no son ni físicos, ni arquitectos, ni ingenieros, ni...? Habrán aprendido cuestiones tan importantes como estrategias para abordar problemas (y no me refiero a problemas matemáticos, sino a problemas en general de la vida), desarrollado el pensamiento crítico y a valorar la utilidad de las Matemáticas para construir toda la realidad que nos rodea.

No obstante, es muy comprensible que resulte frustrante estudiar algo «sin sentido». Esa misma sensación la tuve yo cuando me enseñaron lo que era un complemento agente y es conveniente —imprescindible diría yo— estar en condiciones de hacerle ver al alumnado dónde puede (o podrá) ver las aplicaciones de eso que está dando. En esa línea, siempre he estado con el oído bien abierto y, al ser ya unos cuantos años con esa actitud, se han juntado los conocimientos suficientes como para escribir un libro sobre el asunto.

Si eres profesor de Matemáticas, muchas cosas te resultarán conocidas, pero estoy seguro de que disfrutarás del resto. Si no, se te abrirá una nueva forma de comprender la realidad.

# Capítulo I
# ¿PÉNDULO DE FOUCAULT? ¡QUEDARÍA PRECIOSO EN MI SALÓN!

Hoy en día la Iglesia de El Salvador (solo quedan dos en pie en Pozoantiguo) está desconsagrada… que no funciona como iglesia, vamos. Es una especie de centro cultural en el cual quedaría maravillosamente un péndulo de Foucault, pero ¿para qué sirve un péndulo de Foucault? En primer lugar, decir que en francés ou = u y au = o, que se oyen cosas muy raras por ahí… y no te quiero contar con el nombre de l'Hôpital (¡la H es muda y el golpe de voz va en la «a», *caralho*!). Bueno, después de soltar esto que llevaba dentro desde hace años, sigo… Aunque la leyenda negra que el Renacimiento construyó sobre la Edad Media diga lo contrario, desde muy atrás en el tiempo y de forma ininterrumpida la mayoría de la población creía en la esfericidad de la Tierra. Probablemente haya ahora mismo más terraplanistas de los que había en el año 1400. Y si nos quedamos con los científicos, pues no es la mayoría, sino todos. Si no, ¿cómo iba Colón a encontrar las Indias navegando hacia el oeste? Algo similar pasaba con la rotación de la Tierra sobre sí misma (oí decir que en un examen en el que preguntaban por los movimientos del corazón la respuesta fue «dos, uno de rotación sobre sí mismo y otro de traslación alrededor del cuerpo…». Sin comentarios). Se conocía, pero no se había creado ninguna prueba empírica que lo demostrase… hasta que llegó Foucault a mediados del siglo XIX. Su idea se plasmó así: se fue a un edificio muy alto de París, el Observatorio de París, que posee una cúpula bien visible. De ella colgó un péndulo, una bola colgada de una cuerda hasta casi el suelo, pero sin llegar a tocarlo. Para que se moviera libremente sin influencia de ninguna fuerza lo sujetó con un cordel a una pared y luego quemó el cordel para que el péndulo oscilara libremente. Además, como si de una especie de reloj se tratase, puso unos cilindros haciendo un círculo alrededor del péndulo.

Antes de ver qué pasó os quiero informar, por si no lo sabéis, que un péndulo oscila siempre en un mismo plano, como el reloj de péndulo que había en casa de mi tía Teresa (y en muchas casas de la época). En el MUNCYT tienen la prueba que se puede ver en la foto.

Si ponemos el péndulo a oscilar y luego giramos el marco en el sentido que marca la flecha, por ejemplo, el péndulo nunca se saldrá del marco, ni un ápice, nada de nada, ni mucho ni poco, os podéis quedar mirando la vida pasar...

Así, lo que uno espera es que la bola que colgaba de la cúpula del Observatorio tumbase solamente dos cilindros del círculo, los que estuvieran en su plano de oscilación.

Pero no, resulta que, si se esperaba lo suficiente, el péndulo iba girando e iba tumbando poco a poco todos los cilindros del círculo (¡ooooh!). ¿Y cómo es esto posible? Pues, aunque aparentemente el péndulo estaba girando, sabemos que eso no es posible porque siempre se mantiene en el mismo plano de oscilación, por lo tanto, ¿quién giraba?, pues la Tierra, claro (y con ella el Observatorio completo). La prueba resultó tan interesante que se hizo a petición del futuro Napoleón III una exhibición a gran escala en el Panteón, donde están enterrados personajes como Voltaire, Zola, Madame Curie, o Victor Hugo, volviendo a ser un completo éxito.

Cabe señalar que el tiempo que tarda en tirar los cilindros varía con la latitud. Como estaréis suponiendo, no da igual en un giro estar cerca del eje de rotación de la Tierra que no estarlo. Así, sobre los polos el péndulo tarda unas veinticuatro horas en girar 360° y en el Ecuador no gira nada.

Teniendo en cuenta estos dos lugares extremos, cuanto más me aleje del Ecuador (y, por lo tanto, más cerca esté del eje de giro de la Tierra), más tardará en dar una vuelta completa. En fin, estas circunstancias geográficas me recuerdan que hace poco alguien me dijo que el animal más tonto de la selva es el oso polar... quizá sea así.

Os recuerdo que, matemáticamente, la fórmula que rige esto es $T = 2\pi \sqrt{l/g}$, donde l es la longitud del péndulo, g la gravedad y T el tiempo que tarda el péndulo en hacer una oscilación completa.

Un detalle técnico, si os estáis preguntando por qué el péndulo dura tanto oscilando y no se acaba parando al cabo de unas cuantas oscilaciones, la respuesta es que, modernamente, se le presta alguna ayudita electromagnética para que dure y dure y dure...

Autoridades de Pozoantiguo, ahí os dejo la idea.

Ahí está la bola

Museo de las Artes y las Ciencias. Valencia

Para finalizar, me gustaría mencionar aquí un precioso reloj que se encuentra en el Palacio-Museo Cerralbo en Madrid y que, aunque no es un péndulo de Foucault, bebe de la idea. El reloj se llama «péndulo cónico» y se halla en el maravilloso salón de baile de este palacio. No es el péndulo que hace funcionar el reloj el que es de Foucault (pues este se encuentra en la base), sino una bola «a lo Foucault» que hace un recorrido circular y que va describiendo con la flecha que lo sujeta un cono (y de ahí el nombre... y una superficie reglada, de la que hablaré en otro capítulo). Aconsejo vivamente la visita a este museo.

F. Farcot «Péndulo cónico»

# Capítulo II
# ¿LA LÍNEA MÁS CORTA ENTRE DOS PUNTOS ES LA LÍNEA RECTA?

Pues la verdad es que sí. Cuando Isidro volvía del campo con las ovejas, seguro que no quería dar ningún rodeo sin sentido e iba siempre por la línea más corta que unía el principio con el fin de su viaje, pero esta línea ¿era recta? Seguro que no, esa línea seguiría caminos que en su momento se hicieron rodeando accidentes naturales o propiedades privadas con un resultado final sinuoso.

Pero pongámonos en un caso ideal, guay del Paraguay, chachi piruli, en el que no hubiera obstáculos de ninguna clase e Isidro toma la línea más corta y la sigue sin desviarse. Preguntémonos de nuevo si es una línea recta. Pues no. Aunque en apariencia así lo parezca, la (quizá incómoda) verdad es que no lo es. Puesto que camina por la superficie de la Tierra, esta línea es curva, pero curva de toda «curvidad», vamos. Normalmente no nos paramos a pensarlo. De hecho, Euclides, cuando creó la geometría con la que nos manejamos todos los días, no lo tuvo en cuenta, ya que, a nivel local, la Tierra puede considerarse plana. Y recalco lo de local porque, en cuanto me vaya un poco más allá, la cosa cambia. Tanto es así que, cuando un topógrafo está en su estudio de los topos...

y no, no estoy de coña, los topos no son solo animales, porque la palabra topografía viene del griego en el que «topos» es «lugar», de ahí otras palabras como «topónimo»... como iba diciendo, si un topógrafo está nivelando un terreno, tiene que ir tomando mediciones. Por supuesto, por la ley del mínimo esfuerzo, podría colocar su teodolito en un lugar y a su ayudante, con el palo ese que lleva, a un kilómetro de distancia, pero un topógrafo sabe perfectamente que a partir de cincuenta metros la curvatura de la Tierra no es despreciable, por lo que no puede haber más que esa separación en las mediciones.

Esa línea que Isidro recorrería con las ovejas se llama geodésica y es la línea más corta que une dos lugares sobre la Tierra caminando por su superficie. Esto no tiene nada de inocente: para calcular los rumbos de aviones y barcos es fundamental y no es demasiado conocido ni tenido en cuenta por el público profano. De hecho, hace no mucho hubo una controversia bastante fuerte debido a la orientación de la mezquita que se construyó en Washington. Esto fue lo que pasó: todo el mundo tiene en mente dónde cae Washington, ¿no? Síííííííí, señor profesor. Y todo el mundo tiene claro que los musulmanes rezan mirando hacia La Meca, ¿no? Síííííííí, señor profesor. Y todo el mundo tiene claro dónde está La Meca, ¿no? Síííííííí, señor profesor. Y todo el mundo tiene claro que para ir de Washington a La Meca hay que ir hacia el sureste, ¿no? Síííííííí, señor profesor... Pues no, no es así. Hay que ir hacia el noreste (*In your face!*), y ello es así porque la geodésica que va de un lugar a otro es la siguiente:

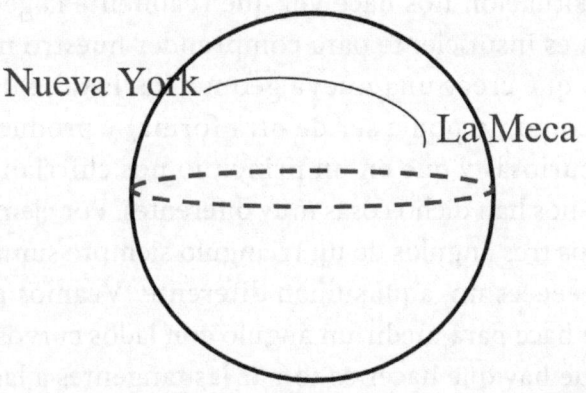

Hubo gran controversia, sí, y eso que hay ya *apps* que te solucionan la orientación (como iCuenca, que te ayuda a poner a tu pareja mirando hacia esa bella ciudad como hacía Felipe I, «el Hermoso», cuando llevaba a sus amantes a un mirador que apuntaba a Cuenca... y de ahí la expresión). Y aun con esa ayuda, no todo el mundo entraba por el aro, siendo el conocimiento de la esfericidad de la Tierra antiquísimo. Aristóteles ya decía que la superficie del mar no es plana, sino un arco de circunferencia con centro en el centro de la Tierra, pero parece que no acaba de calar el mensaje entre algunas personas.

Esto de la esfericidad de la Tierra resuelve el viejo misterio de por qué en la serie *Campeones* (la de Oliver y Benji, los amos del balón, ya sabéis) al acercarse a la portería contraria primero se veía el larguero y luego iba emergiendo el resto de la portería: era por la curvatura de la Tierra. Hay por ahí quien ha calculado que para que eso fuera así el campo debería medir unos veinte kilómetros. Los carrileros lo pasarían regular en un campo como ese...

Esta situación nos hace ver que realmente la geometría euclídea es insuficiente para comprender nuestro mundo y que hay que crear una nueva geometría. Esta se llama esférica (como no podía ser de otra forma) y produce situaciones curiosas y que en un principio nos chirrían porque siempre nos han dicho cosas muy diferentes. Por ejemplo: eso de que los tres ángulos de un triángulo siempre suman 180º, pueeeeeeeeees no, aquí suman diferente. Veamos primero cómo se hace para medir un ángulo con lados curvos:

Lo que hay que hacer es tomar las tangentes a las curvas por el vértice y esa será la medida del ángulo.

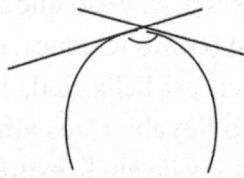

Si tomo, por ejemplo, un triángulo con vértices en el Polo Norte y dos puntos del Ecuador, los meridianos que pasan por el Polo y cada uno de los puntos son perpendiculares, entonces tendré un triángulo con ¡tres ángulos rectos!, cosa impensable para un triángulo «normal». Y no solo eso. Si tomo los puntos adecuadamente, puedo llegar a alcanzar sumas de 540º entre los tres ángulos, ahí es nada.

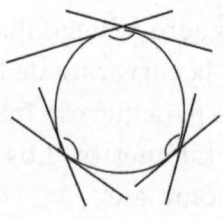

También se da la situación de que por un punto exterior a una recta no pase ninguna paralela. Veámoslo: si entiendo por recta el camino AB que hacía Isidro (o sea, la geodésica que une ambos puntos), que es un círculo máximo sobre la Tierra, dado un punto C exterior cualquiera (que ha de ser, por definición, un círculo máximo), cortará a la AB en alguna parte, por lo que no puede haber paralela.

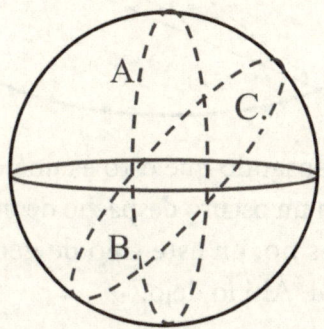

Esto de las geometrías no euclidianas tiene su miga, no siendo, en absoluto, la esférica la única que hay. Pongo un último ejemplo y termino el capítulo: imaginemos que el Universo fuese plano y elíptico y que el borde de esa elipse fuera «el infinito», un lugar al que nunca se puede llegar. En este caso, dada una recta (en trazo continuo) tendríamos muchísimas paralelas como estas (en trazo discontinuo):

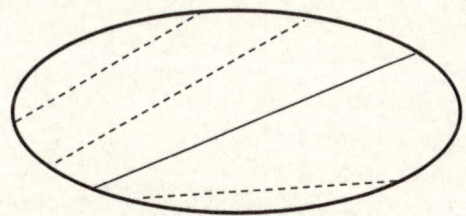

Y si dos rectas se cortan en el borde (o sea, en el infinito), pues diremos que son dos rectas estrictamente paralelas, pues son las que cumplen lo que siempre hemos dicho que deben cumplir las paralelas. Curioso, ¿no?

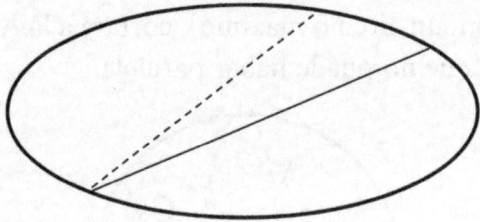

Ah, y si estás pensando que esto es una comedura de coco de un tío metido en un oscuro despacho de un departamento de Matemáticas, pues no, en este tipo de geometría se basa la relatividad especial. Ahí lo dejo.

# Capítulo III
## LA PARÁBOLA

Y no, no es la del buen samaritano ni la del hijo pródigo, es la trayectoria que describe un objeto que se lanza al aire (*grosso modo*, claro). Cuando era alumno de secundaria, di tiro parabólico, pero mucho antes tuve contacto con él en el mayor centro de entretenimiento que tiene Pozoantiguo: el frontón. Aunque los frontones normalmente tienen dos paredes, este tiene, por razones que no vienen al caso, una y media (y no media como estás pensando, sino que la pared izquierda está cortada por su diagonal… sin comentarios). Allí observé que, si quería ajustar la bola para que cayese justo encima de la línea de la pared principal, tenía que aprovechar la gravedad para que esta alcanzase un punto máximo de altura y luego cayese lo suficiente para dar por encima de la línea, no hacer falta y perjudicar el golpe del contrario. Antes no lo sabía, pero ahora sé que esta trayectoria es parabólica.

Pero aparte de esto, ¿para qué le puede servir a alguien una parábola?

Empecemos por un puente colgante (el 25 de Abril de Lisboa, por ejemplo). No sé si alguna vez el lector se ha preguntado qué forma tiene un cable que cuelga de dos puntos (el de la cuerda de tender la ropa o un cable de alta tensión). Pues bien, si ese cable no está sujetando nada (como el de la ropa si no hay nada tendido), la forma es la de un coseno hiperbólico (*na* menos) al cual generalmente se le dice catenaria (porque es como una cadena colgando). No es este el caso de nuestra cuerda de tender si en una parte hay un abrigo de pana mojado y en otra, un calcetín de poliéster (mis dos diseñadores de moda favoritos, por cierto, Paul y Éster), pero, si le colgamos un peso uniformemente distribuido como el tablero de un puente colgante (la parte por donde van los coches), entonces adquiere de manera natural forma de parábola. Sabiendo esto, los ingenieros pueden calcular, por ejemplo, la longitud exacta que va a tener para saber cuánto material van a necesitar y hacer un presupuesto ajustado a los costes reales.

Atardecer en el 25 de Abril. Lisboa

Ni que decir tiene que puedo ver una parábola en una antena parabólica (¡quién lo iba a decir!). Para entender por qué una antena parabólica tiene que tener forma de parábola veamos una particularidad que tiene esta.

Pongamos que Pepe quiere poner en su bar de Pozoantiguo un billar poco común (nunca ha habido, pero quién sabe...) y se inspira en el Pavilhão do Conhecimento de Lisboa (cuya visita aconsejo), donde hay, entre otras cosas, un billar parabólico. El siguiente:

Billar parabólico. Pavilhão do Conhecimento. Lisboa

Este billar tiene la particularidad de que puedo tirar la bola desde donde me dé la gana hacia la parábola (la parte curva), paralelamente a los lados, y siempre caerá en el agujero tal como marcan las flechas, ¿siempre? ¡SIEMPRE! Pero, profe,

¿y si...? ¡¡¡SIEMPRE!!! Ya, pero es que... ¡¡¡¡¡SIEMPRE!!!!! Este punto se llama foco y no voy a entrar en detalles, pero ¿cómo se aplica eso a una antena? Pensemos en un satélite que emite su señal hacia nosotros. Igual que los rayos del Sol, por la lejanía del punto de emisión, los rayos que llegan se pueden considerar paralelos entre sí. Por lo tanto, si les pongo una parábola delante, todos rebotarán hacia un punto (igual que pasaba con la bola de billar), de forma que la señal se aprovecha muchísimo (en el punto O del gráfico se coloca el receptor).

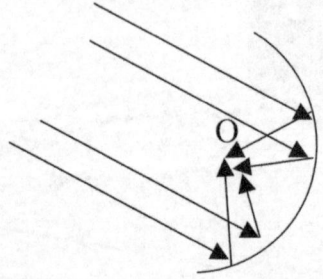

Si esta idea la aplico a los rayos solares, puedo concentrarlos en un solo punto y construir un horno solar. Y no, no crean que esto no puede calentar mucho, ha habido por ahí algún edificio que se ha construido con fachada en forma de parábola y con un recubrimiento que reflejaba mucho los rayos solares. En consecuencia, lo que estaba en el foco de la parábola (los cristales del edificio de enfrente) quedaba frito y bien frito.

Si la aplico al sonido, resulta que puedo construir micrófonos que aprovechen las ondas sonoras y poder oír muy bien lo que ocurre lejos (en alguna película de espías aparecen, y en las bandas de los partidos también se pueden ver personas con micrófonos parabólicos para captar mejor lo que se dice en el campo).

¿Y si aplico la idea al revés? Esto de pensar al revés es algo muy interesante, por cierto. Si emito una luz desde el foco hacia la parábola, los rayos saldrán paralelos a la banda del billar, con lo que un haz de luz se puede concentrar en donde conviene y no deslumbrar a quien no se debe. Esto es lo que se usa en los faros de nuestros coches. Y lo mismo para el sonido: podría construir un altavoz direccional de forma que solo escuchen el sonido quienes estén en la línea de emisión. En el Museo de las Artes y las Ciencias de Valencia tienen el experimento que consiste en oponer dos antenas parabólicas a cierta distancia. Susurrando desde una antena en dirección a esta, el sonido se dirige hacia la otra y quien esté allí lo podrá escuchar perfectamente.

Tubo con aceite

Colector cilindro-parabólico. Museo de las Ciencias de Granada. Por el tubo va aceite sintético que es calentado por los rayos solares que rebotan en las placas. Muy cerquita de Badajoz se pueden ver, por El Entrín

Parábola de sonidos. Museo de las Ciencias de Granada

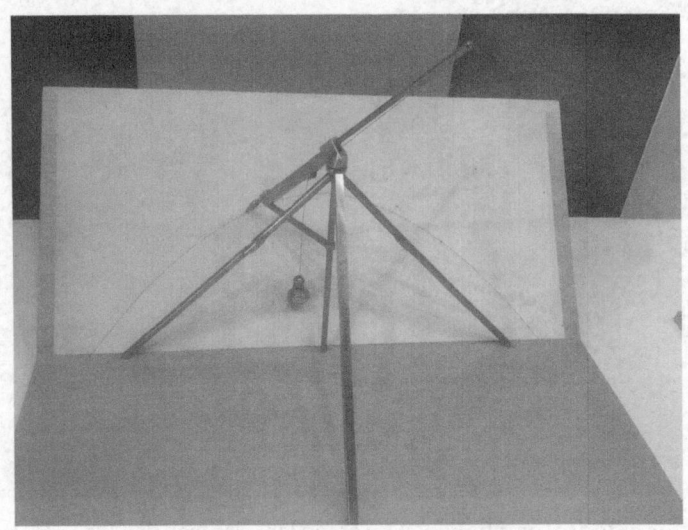

Un compás para dibujar parábolas.
Exposición temporal Da Vinci. Roma

Ciudad de las Artes y las Ciencias. Valencia

# Capítulo IV
# LA ELIPSE

Todo el mundo sabe lo que es una elipse (o eso espero). No todo el mundo sabe, quizá, qué propiedad es la que la convierte en elipse, pero veamos primero cómo funciona volviendo a Lisboa, al Pavilhão do Conhecimento.

Allí también hay un billar elíptico que tiene la propiedad de que, si pongo la bola en un lugar preciso, puedo tirar hacia donde me dé la gana que siempre irá al agujero. Tanto el agujero como el lugar de tiro no son puntos al azar, claro, se llaman focos, y tiene la particularidad de que la distancia de cualquier punto del borde a un foco más la distancia de ese mismo punto al otro foco siempre es la misma. Esta propiedad es muy relevante para comprender su funcionamiento.

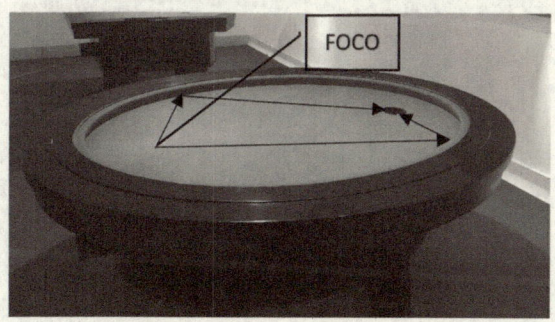

Billar elíptico. Pavilhão do Conhecimento. Lisboa

37

¿Pero dónde puedo encontrar yo elipses a mi alrededor? En el dentista, por ejemplo. Si aplico la idea del billar a la luz, resultará que, si emito desde un foco, la luz se concentrará en el otro foco. Si se han fijado en la lámpara que usa el dentista, es como un trozo de huevo. Pues bien, la luz está en un foco y no enfoca hacia el paciente, sino en dirección contraria (como el foco del coche del que hablamos en la parábola). Al tener forma elíptica, rebota y se va al otro foco, que no está en la lámpara, sino fuera. Si ese punto lo diriges a la boca del paciente, esta quedará perfectamente iluminada y no le molestará en los ojos, pues la luz quedará completamente concentrada allí.

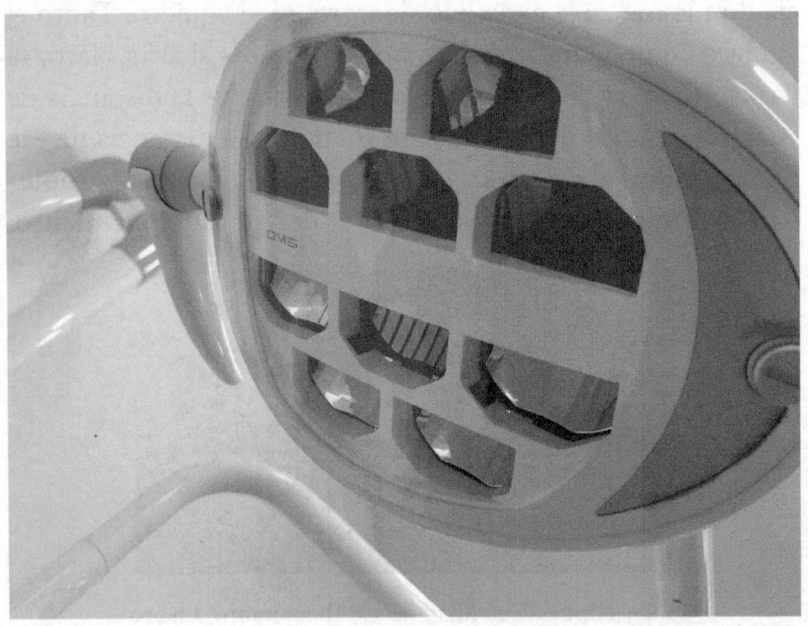

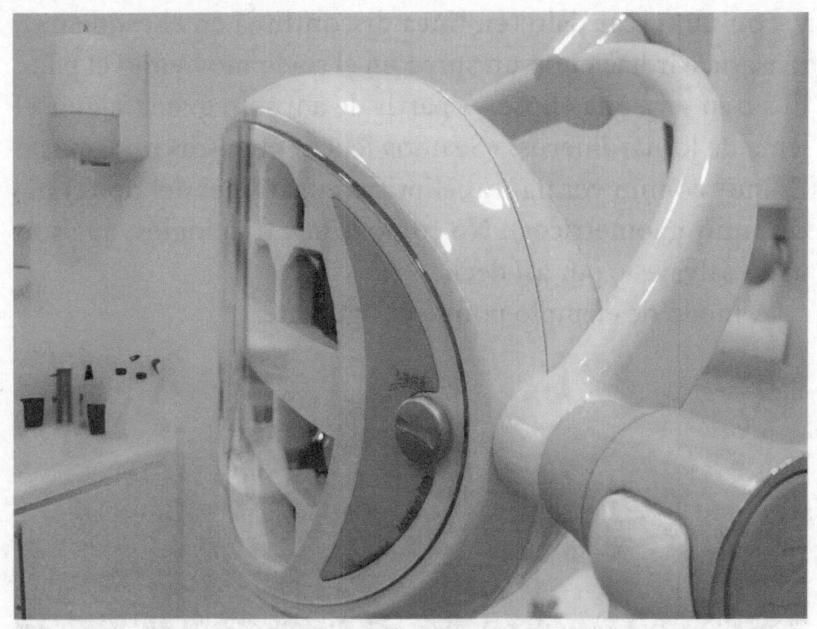

Lámpara de dentista. Clínica Albarrán Liso (Badajoz)

También se puede aplicar este principio al sonido: si uno de los focos está sobre un escenario, lo que se diga o lo que se cante rebotará en las paredes de un teatro elíptico y se escuchará en el otro foco mejor que en ningún otro lugar del teatro. Quien no esté en el foco recibirá el sonido que le llegue directamente, pero quien lo esté recibirá este más todos los rebotes de las ondas en todo el teatro. Buen sitio para poner el palco que presida el lugar.

En el caso de que el alcalde de Pozoantiguo quiera hacer un parterre elíptico, solo tiene que mandar clavar dos palos en el suelo, atar una cuerda que vaya de uno a otro sin estar tirante y, con un tercer palo (en línea discontinua en el esquema), tensarla e ir haciendo un surco en el suelo moviendo el palo. El surco será una elipse. A partir de ahí solo queda seguir el lema de los jardineros: «Seamos felices mientras podamos». Es muy común ver figuras elípticas en jardines del tipo francés (muy geométricos). No como los de tipo inglés, que son más «salvajes», por así decir.

A modo de ejemplo pongo el siguiente:

Palacio Episcopal de Castelo Branco. Portugal

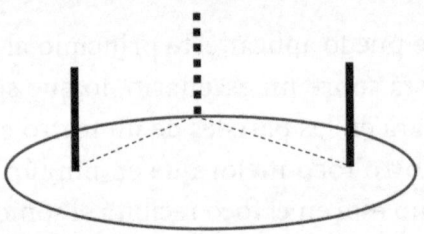

La línea discontinua sobre el suelo es la cuerda
y la discontinua vertical es el palo que va marcando el surco

Bueno, y también esta placita de Granada en la que hay cuatro farolas que corresponden a los vértices de la elipse y que marcan los cuatro puntos cardinales (recalco lo de cuatro porque el Jefe de Estado de cierto país sudamericano sugirió hace poco que eran cinco... Sin comentarios).

Plaza del poeta Luis Rosales. Granada

En Roma tenemos la Plaza de San Pedro, en el Vaticano. Esta plaza tiene forma elíptica y los focos están marcados en el suelo con la inscripción *centro del colonnato*. La próxima vez que visites la plaza (y no esté hasta la bandera de gente), como decían *Martes y 13*: «Fíjateeeeeeeeeeeeeee» (...en los focos).

A nivel astronómico creo que es de todos conocido que la Tierra se mueve alrededor del Sol con una trayectoria elíptica y que el Sol no está en un punto *random*, como dicen los chicos ahora, ni en un punto *p'ahí*, como se dice por Badajoz, sino justamente en uno de los focos de la elipse. Estas consideraciones se pueden ver en la película *Ágora*. No me gustó especialmente la película en sí, pero el trozo en el que explica cómo se genera la elipse lo suelo poner en clase siempre que explico este asunto.

La elipse es la figura que vemos cuando observamos un círculo de lado, como el óculo del Panteón de Roma (el edificio de hormigón no armado más grande que existe, por cierto).

Es circular, pero se ve elíptico por no estar
colocada la cámara justo debajo

Y bueno, tengo que dejarlo aquí de momento porque... hay una riña abajo en el bar (¡Bob Es-pon-ja!).

# Capítulo V
## LA HIPÉRBOLA

Quizá sea la menos conocida de las curvas que proceden de seccionar un cono. Y no, un cono no es la parte de la galleta de un helado de cucurucho de esos que comprábamos los domingos en Toro en *Il Gelato* e íbamos a comer al Espolón mirando a la vega del Duero, a los campos donde se libró la famosa batalla de Toro que dio al traste con las aspiraciones de la reina Juana (conocida como «la Beltraneja») en favor de su tía Isabel (luego conocida como «la Católica» por prebenda papal). Eso es medio cono. Un cono en realidad, matemáticamente hablando, es esto:

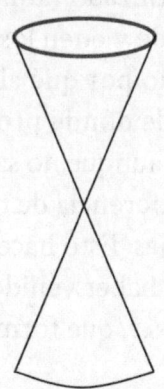

A pesar de ser la hipérbola la hermana menor de las cónicas, el salchichón del surtido de ibéricos, la mayoría de los lectores la han tenido muchísimas veces en la mano. ¿Cuándo? Pues cada vez que han cogido una pelota de tenis o un balón de baloncesto. Si nos fijamos en las costuras, tienen forma de hipérbola. Y eso no es casual. Cuando monto la pelota, las costuras tienen que estar en alguna parte y esta es la parte más débil de la pelota, así que hay que ponerlas de forma que resistan lo mejor posible los raquetazos o los botes o los bateos, porque las de béisbol también son así. Está demostrado que es la hipérbola la que mejor se comporta para este fin, y bien lo saben los fabricantes.

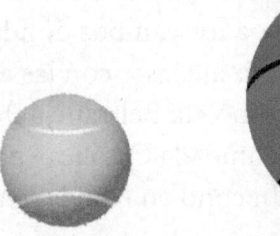

También lo hemos utilizado (aunque inconscientemente, eso sí) para saber de dónde vienen los sonidos. No sé si alguna vez os habéis preguntado por qué al oír un sonido sabemos con bastante precisión de dónde procede. Pues bien, esto es porque nuestro cerebro, aunque no sabe de dónde viene el sonido, sí puede saber la diferencia de tiempo con la que llegó a cada una de nuestras orejas. Esto hace que de todos los lugares posibles de los que podía haber venido, el cerebro sea capaz de reducirlos a unos cuántos... que forman una hipérbola, claro. Visto desde arriba.

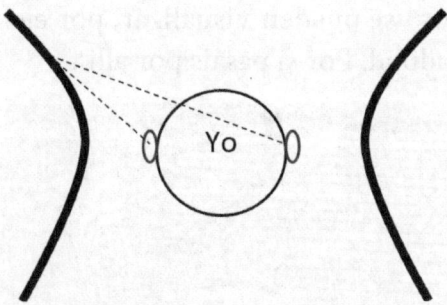

La diferencia de longitud de las dos líneas discontinuas es la misma independientemente del punto de la hipérbola (en trazo grueso) en el que me sitúe. Por lo tanto, la pregunta es evidente: ¿en qué lugar de esa hipérbola concretamente está la fuente del sonido? Pues eso lo sabe el cerebro por algo que no os vais a creer: los dobleces de las orejas (pero en esto ya no voy a entrar porque ya no son matemáticas).

Por supuesto el mundo no es plano y llevado a 3D el esquema gana una dimensión. Ahora es como si hubiéramos girado la hipérbola sobre un eje horizontal quedando una especie de vasos de sección circular. Algo así (pero el funcionamiento es el mismo que en 2D):

Estos «vasos» se pueden visualizar, por ejemplo, en esta farola de Valladolid. Por si pasáis por allí...

Plaza de San Andrés. Valladolid

Si llevamos un poco más allá esta forma de ver los sonidos, se puede crear un sistema para la localización de barcos en la costa. Este sistema se llama LORAN, y usa el mismo principio, solo que tiene que buscar una solución alternativa a los dobleces de las orejas y eso lo hace, por ejemplo, con una tercera «oreja». Este sistema está de capa caída desde que el GPS se está imponiendo como geolocalización, pero aún se usa.

También tenemos un billar hiperbólico en el Pavilhão do Conhecimento, claro. En él, sea donde sea que esté la bola, si apuntamos hacia un foco (que está marcado en la madera), la bola irá siempre hacia el otro foco, donde estará el agujero, claro. «El fútbol es así»... el billar, quise decir.

Billar hiperbólico. Pavilhão do conhecimento (Lisboa)

Y ya que con la elipse nos fuimos a Roma, con la hipérbola nos podemos ir a la Catedral de Brasilia.

Foto de Rodrigo de Almeida Marfan. Sin modificar*

O a las torres de refrigeración de una central nuclear (y no «nucelar», Homer).

Me gustaría señalar aquí, y ya que empecé el capítulo tocando las pelotas, que la esfera no es una superficie desarrollable... Me explico. Si os doy esto...

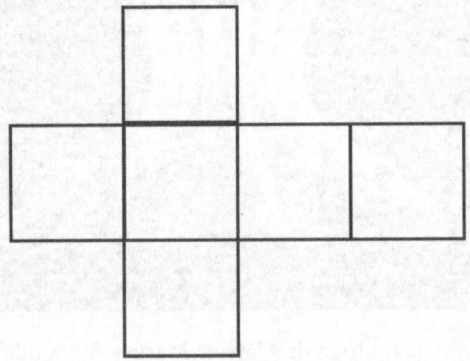

Cualquiera de vosotros es capaz de hacerme un cubo o exaedro. Lo del «exa» es por las seis caras. Es como aquel que tenía seis hijos y a los seis les puso Gerardo, era un «exagerar-do». Bueno, a lo que vamos, que el humor absurdo me pierde. El caso es que para la esfera no hay ninguna plantilla que yo te pueda dar, la dobles y ya está, tienes una esfera. De hecho, los balones se hacen con trozos y lo que les da la esfericidad es el aire que se mete dentro a presión. Una de las formas que hay de formar la esfera es pegando los trozos que podemos ver en los balones de fútbol (y que ha ido cambiando con los años si os fijáis), otra es la de las pelotas de béisbol que citaba antes, otra la de aquellos balones azules de Nivea que tiraban avionetas en las playas y que se construían con rombos de lados curvos. Según las necesidades de cada deporte se construirá la pelota con las mejores características a su práctica. Sobre los balones de fútbol quizá hable en otro libro...

# Capítulo VI
# CORRELACIÓN

Cuando tenía que desplazarme de Pozoantiguo a cualquier otra población grande (Toro, Zamora, Valladolid), no había muchas opciones: el llamado coche de línea, tener coche propio, contratar a alguien que lo tuviera... o hacer dedo (\*). Eran otros tiempos y era muy común ver a chicos y chicas (solos, parejas, tríos o cuatro como mucho, pues más no iban a caber en un coche normal) en la carretera a la altura de la fábrica de mantecadas intentando que alguien los llevase. Tras muchos veranos de estricta observación, elaboré la teoría de que había una fuerte correlación entre el sexo y la belleza de los y las (sobre todo las) autoestopistas y el tiempo que tardaba alguien en parar a recogerlos, pero ¿cómo se puede comprobar que este tipo de sospechas que todos hemos tenido en algún momento de nuestra vida realmente corresponden a una relación real o simplemente son una pataleta por el tiempo que tardábamos en que nos parara un coche? Y lo que más me importa en este capítulo: ¿la razón de que los coches paren es el sexo y la belleza del autoestopista o es mera casualidad?

Vamos a un caso que está cuantificado. Imaginemos que cuento la cantidad de personas que muere estrangulada por sus sábanas durante varios años y los millones de dólares que producen las estaciones de esquí en EE.UU. y veo que hay una correlación perfecta entre ambas magnitudes. Cuando una crece, la otra también, y a la misma velocidad, y cuando la otra decrece, la una lo mismo. ¿Significa eso, entonces, que los ingresos de las estaciones de esquí causan las muertes por estrangulamiento por sábana o al revés?

La respuesta, evidentemente, es no. Pero no de toda «noidad».

En Matemáticas tratamos de estudiar la relación que hay entre fenómenos e inventamos números que tratan de medir el grado de relación entre variables. Eso es algo importantísimo porque, si pudiera hacerlo, conseguiría predecir el futuro y conocer el pasado. La cosa sería así: si sé que dos variables están muy relacionadas porque empecé a medirlas en 2010 y encontré que desde ese año hasta este año 2023 siempre ocurre que una es el doble de la otra, eso me permitirá deducir que en 2024 seguirá siendo el doble, que es predecir el futuro. Si una de ellas espero que valga cien, la otra valdrá doscientos, y si quiero volver atrás en el tiempo y saber qué pasó en 2004, fecha de la que sé que la primera variable valía quince, pero no se me ocurrió tomar valores para la otra, podré deducir que en ese año la otra valía el doble, treinta.

Pero ¿estas cuentas que yo hago sobre el papel hacen que los acontecimientos se produzcan? Por supuesto que no.

Como ejemplo pongo esta gráfica que relaciona la tasa de divorcios en el estado de Maine y el consumo de margarina por habitante en EE.UU. entre 2000 y 2009. La correlación es bastante buena, diría yo.

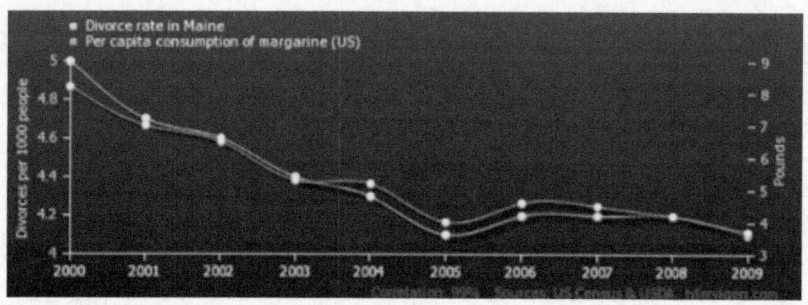

Y como estas hay muchísimas. En este sitio web se pueden encontrar otras correlaciones curiosas:

https://www.fastcompany.com/3030529/hilarious-graphs-prove-that-correlation-isnt-causation

Por conectar esto con las clases del instituto (mi hábitat), recuerdo nada más que el número que me dice cuánta correlación hay entre dos variables es el coeficiente de Pearson (que suele representarse por «r»). Este número, por razones que no vienen al caso, no puede valer más que 1 ni menos que -1. Cuanto más cerca esté de 1 o de -1, la correlación es mayor y, cuanto más cercano esté al cero, la correlación es menor. También recuerdo que, si dibujo en una gráfica las dos variables, si hay poca relación entre las variables, obtendremos puntos que están colocados como al azar en el dibujo, como si fueran gotas en una nube (y «nube» es como se llama este tipo de gráfica). En cambio, si hay relación, los puntos aparecerán juntos como si fueran una forma geométrica (como una recta, por ejemplo).

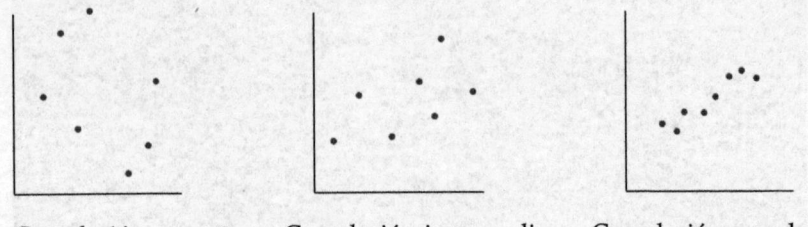

Correlación pequeña    Correlación intermedia    Correlación grande

# Capítulo VII
# CAVANDO PASA LA VIDA VOLANDO

En la fragua de Celedonio había que tomar muchas mediciones; la exactitud era muy importante para que las piezas encajaran, pero quizá Celedonio no era consciente de las posibilidades astronómicas que tenía tomar buenas mediciones. Tal es la importancia que, sin ni siquiera existir los satélites ni las mediciones por láser ni nada similar, un griego, Eratóstenes, fue capaz de calcular de forma muy precisa el radio de la Tierra. Estas mediciones han dado para mucho a lo largo de la historia de la Humanidad. Los romanos, por ejemplo, cuando hacían un túnel bajo una montaña, no cavaban por un lado hasta llegar al otro, sino que cavaban por los dos a la vez para ir más rápido. Tomando buenas mediciones y usando a nuestros amigos los triángulos, ello es posible. Con estas mismas ideas se calculó la longitud de los meridianos terrestres. Incluso modernamente se han usado para la construcción del Eurotúnel, ese que atraviesa el Canal de la Mancha uniendo Francia con el Reino Unido, que fue excavado a la vez por los dos lados y el encuentro falló por cosa de centímetros nada más. Ello es más digno de mención si tenemos en cuenta que el túnel no va por debajo de la superficie del agua como mucha gente cree, sino debajo del fondo marino, por lo que no se puede visualizar desde fuera el estado de las obras. Por cierto, que el Canal de la Mancha no le debe su nombre a ninguna salpicadura de grasa en la ropa, es una mala traducción de «manche» que significa «manga», porque es una manga de mar lo que el canal es en realidad.

¿Y cómo se hacen estas maravillas? Empecemos con Eratóstenes. Aunque mucha gente no quiere aceptarlo, desde muy antiguo se sabía que la Tierra es redonda. Aceptando este hecho, Eratóstenes se dio cuenta de que los rayos de Sol (que se pueden considerar paralelos entre sí) no incidirían con el mismo ángulo en toda la Tierra simultáneamente, eso solo ocurriría si la Tierra fuese plana o si miramos en una porción muy pequeña de esta, porque a nivel, digamos, cercano, la Tierra sí se puede considerar plana. Por lo tanto, si pudiéramos saber a la misma hora el ángulo de incidencia de los rayos l, podríamos hacer el siguiente razonamiento (las flechas negras gruesas representan los rayos solares y la línea discontinua, un radio terrestre, prolongación de la estatua hasta el centro de la Tierra):

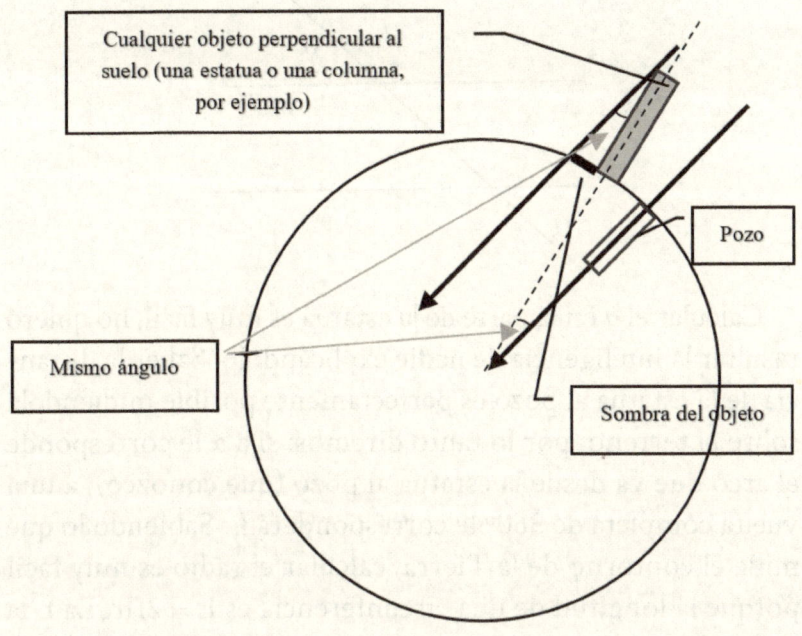

Cualquier objeto perpendicular al suelo (una estatua o una columna, por ejemplo)

Pozo

Mismo ángulo

Sombra del objeto

¿Cómo conocer entonces estos ángulos que nos dan la resolución del problema? Pues hay que quedar con alguien para que mida el ángulo de los rayos del Sol a la misma hora que tú lo mides en otro sitio. Para facilitar los cálculos, podemos hacerlo a la hora en que en mi zona el Sol está justo encima de nosotros, lo cual es posible saberlo porque es cuando da justo en el fondo de un pozo. A esa hora un amigo hace su medición y ya tendré los dos datos que necesito.

Los dos ángulos marcados como iguales (llamémoslos $\alpha$) lo son porque cortan a dos rectas paralelas. Visto fuera de contexto sería así:

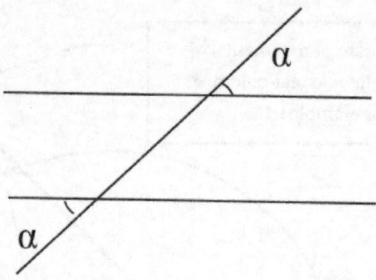

Calcular el α en la parte de la estatua es muy fácil, no quiero insultar la inteligencia de nadie explicándolo. Saber la distancia de la estatua al pozo es perfectamente posible midiéndola sobre el terreno, por lo tanto diremos: si a α le corresponde el arco que va desde la estatua al pozo (que conozco), a una vuelta completa de 360° le corresponderá L. Sabiendo lo que mide el contorno de la Tierra, calcular el radio es muy fácil porque la longitud de una circunferencia es $L = 2\Pi r$. La L la acabo de calcular, por lo que no queda más que despejar la r y tirar millas. Pasémonos al túnel.

Para cavar simultáneamente por los dos lados del túnel a la manera romana y encontrarse en el medio, hay que tomar las siguientes medidas (los romanos lo hacían con un aparato que Isaac Moreno Gallo explica en su canal de YouTube cuya visión aconsejo): AD, DE, EF, FG y BG (los ángulos son rectos).

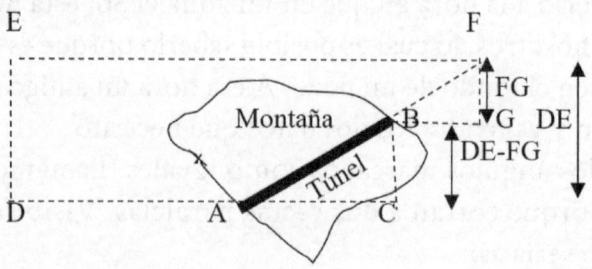

Así, DC = EF - AD - BG y AC = DC - AD

Conociendo ya todas estas mediciones sobre el terreno y deducidas DC y AC, que no se podrían tomar directamente por la presencia de la montaña, tenemos en esencia esta situación, en la que todos los catetos son conocidos:

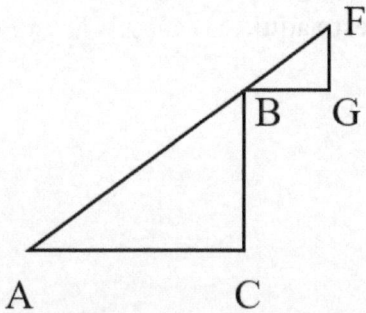

Con lo cual, por semejanza de triángulos puedo calcular las hipotenusas y, ya conocido todo, (casi) cualquier alumno de ESO lo podría calcular.

Modernamente podríamos usar el teorema del coseno. Bastaría tomar las distancias A y B y el ángulo alfa con un teodolito. A partir de ahí, cualquier alumno de primero de Bachillerato de Ciencias lo podría sacar.

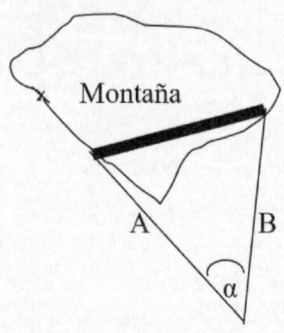

Por supuesto, las mediciones han de ser precisas: cualquier mínima desviación se multiplica con la distancia, cualquier jugador de billar lo sabe. A poco que te equivoques en la medición, tus resultados van a ser más inútiles que la p de «Mapfre».

El cálculo de la longitud de los meridianos lo dejo para otro capítulo. Cierro este aquí.

# Capítulo VIII
# EL ESCORIAL

Una de las cosas buenas de veranear en Pozoantiguo es tener Toro al lado con su riquísimo patrimonio: la Colegiata, el Arco del Reloj, el mirador del Duero, la iglesia de San Lorenzo el Real… pero, si me hubieran ofrecido cambiarlo todo por El Escorial, hubiera firmado sin pensarlo. Es de los lugares que más me han impactado de los que he visitado a lo largo de mi vida. Vamos con él.

El 10 de agosto de 1557, día de San Lorenzo, un ejército español al mando de Manuel Filiberto, duque de Saboya, venció al ejército francés en la localidad de San Quintín (Francia). Este ejército estaba dirigido por el Condestable de Francia, el duque de Montmorency, en una batalla que resultó determinante y que llevó a Felipe II a las puertas de París. Por razones que no vienen al caso, no continuó hacia la capital, pero para conmemorar esa victoria hizo construir el Monasterio de El Escorial… o eso nos han dicho.

En este monumento, que hay quien calificó como la octava maravilla del mundo, la Matemática, el arte, el esoterismo, la religión y otras materias varias que ni siquiera sospechamos se juntan para formar una obra memorable que no podéis dejar de visitar (¿cómo, que no sabes cuáles son las otras siete maravillas del mundo? Al final del capítulo te pongo la lista).

Yo voy a arañar un poco en la superficie para picar vuestra curiosidad aprovechando que, por fin, está permitido sacar fotos dentro del monumento. Sin el apoyo visual que así se consigue, este capítulo sería bastante aburrido, la verdad.

En primer lugar, hay que decir que El Escorial fue pensado por Felipe II como tumba para sus ancestros y descendientes. De hecho, desde su padre (Carlos I) y hasta el día de hoy, todos los reyes de España (y las reinas madres de reyes) han ido a parar allí, salvo dos que decidieron quedarse en otro lugar (Felipe V, que está en La Granja de San Ildefonso, y Fernando VI, que está en las Salesas Reales de Madrid), y Amadeo I, que ya sabemos lo que pasó...

Muchos estudiosos apuntan que lo de San Quintín fue una excusa para enmascarar algo que no era «religiosamente correcto» en la época, algo que rayaba lo herético. Veamos el qué.

Pese a la Leyenda Negra que, aún hoy, algunos ignorantes siguen creyéndose de manera acrítica y continúan utilizando para desprestigiar a España y su pasado, la corte de Felipe II tenía un grandísimo interés por la ciencia y por el conocimiento en general; era una corte totalmente renacentista. Una de las muchas pruebas que hay de ello es que la biblioteca que alberga fue durante siglos una de las que más (si no la que más) libros contenía de toda la cristiandad, libros escritos en latín, árabe, hebreo...

A Felipe II le gustaba rodearse de científicos y en particular de matemáticos, arquitectos y astrólogos-astrónomos (en aquella época ambas disciplinas eran una sola y conformaban una materia en la que la ciencia y el esoterismo se confundían, de forma que un entendido en la materia lo mismo te predecía un eclipse como te hacía tu carta astral para predecir tu futuro). La vertiente esotérica de la astrología chocaba frontalmente con la Iglesia, por lo que Felipe II tuvo que cuidarse muy mucho de ocultar conocimientos arcanos que llegó a tener para no entrar en conflicto con la Santa Inquisición, cosa que no consiguió su arquitecto, Juan de Herrera, a quien tuvo que salvar del Santo Oficio utilizando todo su poder precisamente por estar «en tratos» con este tipo de conocimientos.

De hecho, aun cuando todo estaba listo para comenzar las obras, la carta astral del edificio que Felipe II mandó hacer aconsejaba que se comenzara en la siguiente conjunción Júpiter-Saturno (evento astronómico de fuerte valor astrológico) y que coincidía con la conjunción Sol-Luna (luna nueva), momento de empezar nuevos proyectos. Además, la Luna se encontraría en la casa 10, que se relaciona con la realeza. Pues bien, ¿en qué día se daban todas estas circunstancias? El día de San Lorenzo, claro. Un santo que, además, era español y el primero de la historia al que se le dedicó culto público. No solo eso, sino que esta conjunción Júpiter-Saturno se da cada veinte años. ¿Adivináis qué día se acabaron las obras? (Un tiempo récord...).

Júpiter, por cierto, parecía tener mucho ascendente con Felipe II, pues nació en una conjunción Venus-Júpiter y él lo sabía perfectamente. Quiero hacer referencia aquí a lo ocurrido cuando el príncipe, a la edad de veintidós años, fue llamado a Flandes por su padre (Carlos I), donde conoció a Matías Haco, médico-astrólogo al servicio del rey Carlos que le hizo su carta astral, el «prognosticón», documento que el príncipe consideró de tal importancia que lo conservó toda su vida y lo consultó a la hora de tomar decisiones importantes, como cuando estaba pensando en meter a su ejército en Portugal para hacer valer sus derechos al trono de ese país. He de decir aquí que esto, que parece antediluviano, no es nada extraño. Sabemos que presidentes estadounidenses del siglo XX seguían consultando astrólogos como ayuda en la toma de decisiones.

Bueno, antes de ir al asunto matemático (me estoy yendo por las ramas, lo sé), quiero citar que Felipe II tuvo contacto también con John Dee (no el de los tractores, que es John Deere) cuando estuvo en Inglaterra (todos deberíais saber que Felipe II fue rey de Inglaterra por matrimonio con María Tudor, la que injustamente da nombre al *Bloody Mary*). Este John Dee, astrólogo de la corte, era todo un personaje archiconocido en su tiempo al que la historia recuerda como portentoso «mago», y le hizo también su carta astral. No me resisto a contar que este personaje fue el inventor del «007», representando los dos ceros los ojos y el siete, un número cabalístico de gran poder para los astrólogos. De hecho, en los documentos secretos del Reino Unido no pone *top secret*, sino *for your eyes only*. Los amantes de James Bond habrán reconocido en esto último el título de una de las películas de la saga y conviene recordar otro: *El mundo nunca es suficiente*, que es, oh casualidad, el lema de Felipe II: *Non sufficit orbis*. Todos sabemos (espero) que en esas películas el doble cero significa «licencia para matar», y el número que sigue, el que le corresponde a cada agente en concreto, por eso hay 005, 006... Y ya (por fin) vamos a las mates.

El edificio tiene forma de parrilla para unos que quieren ver allí el martirio de San Lorenzo, que fue «asado» en una parrilla, mientras que para otros se trata de una reproducción del celebérrimo Templo de Salomón (al menos en sus proporciones). De hecho, en el patio que da entrada a la iglesia podemos ver las esculturas de los reyes de Judá (Salomón, David, Josías, Manasés, Josafat y Ezequías).

Sea como fuere, el diseño era tan importante que no se modificó aun cuando se dobló el número de monjes alojados allí. Está lleno de símbolos matemáticos y de proporciones áureas y no áureas (no vayamos a pensar que no hay más proporciones que la áurea) y debemos comprenderlos todos ellos bajo un prisma matemático-esotérico: el círculo no tiene principio ni fin, es infinito y continuo (como vemos en el Apocalipsis: «Yo soy el Alfa y la Omega, principio y fin, dice el Señor...»); el triángulo es el primer polígono cerrado y representa la Trinidad, si ponemos dos triángulos adecuadamente, obtenemos la estrella de David (la que está en la bandera de Israel) y que indica el famoso «como es arriba es abajo» de la alquimia (y el Baphomet de mi camiseta del Mägo de Oz... Lo del Baphomet os aconsejo que lo investiguéis, que merece la pena); el cuadrado es la segunda forma perfecta que se puede construir con líneas, representa los cuatro puntos cardinales, o los cuatro ríos del Paraíso (El Éufrates, el Tigris, el Nilo y el Indo; si os pasáis por la Piazza Navona de Roma, allí están en la Fontana dei Fiumi)... Hay la tira. Por pasarnos a una dimensión más, en *La Gloria* del coro del monasterio podéis ver un cubo a los pies de la Santísima Trinidad, un sólido platónico muy importante. De hecho, Juan de Herrera en su *Discurso de la forma cúbica* enlazó, fundamentándose en el pensamiento de Ramón Llul, la Matemática y la Teología. En la siguiente imagen podemos ver el conjunto y el cubo en la parte superior.

En la planta del edificio podemos observar la forma que vemos en el diagrama siguiente, donde el centro del rectángulo y la circunferencia coinciden, siendo esta tangente en todos los puntos exteriores a la planta. Además, el triángulo equilátero que tiene como base el rectángulo tiene su vértice superior justamente en el Sagrario (nada casual, parece).

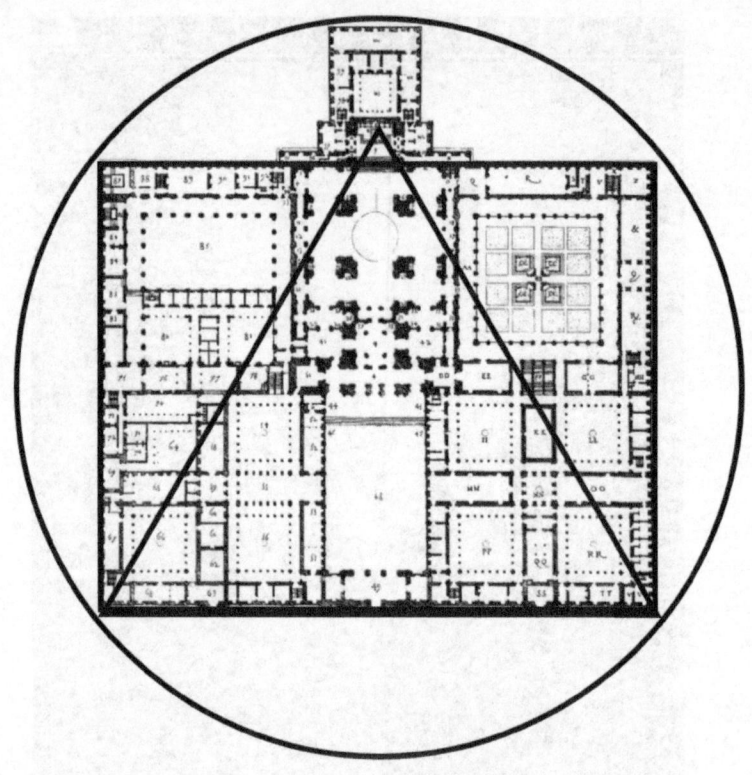

Son tantas las relaciones geométricas que podríamos encontrar en el edificio que sería cansino relatarlas y ya hay otros libros que se dedican a ello. Lo que quiero es ir a la biblioteca y a la parte de ella que me interesa.

La bóveda de la biblioteca es simplemente maravillosa, desde la entrada hasta la salida. Daría para escribir varios libros, pero me voy a centrar en la parte matemática del asunto. Lo primero es señalar que las siete Artes Liberales están allí representadas, cada una en un espacio exclusivo: la Retórica, la Gramática, la Dialéctica, la Aritmética, la Geometría, la Música y la Astrología (entendida esta última, como vengo diciendo, con la Astronomía dentro de ella). Estas artes se organizaban en dos grupos: las tres primeras (las de letras) formaban el Trivium (de ahí viene la palabra «trivial»... A buen entendedor...) y las segundas, el Quadrivium.

Comencemos por la Aritmética, representada por una matrona romana con un libro de cálculos y niños haciendo cuentas con los dedos a su alrededor.

En esta zona encontraremos al rey Salomón, del que se decía que era el rey más sabio que jamás hubiera existido y, para comprobarlo, nos cuenta la Biblia que la reina de Saba lo visitó, situación que es la que se ve representada en la bóveda.

La posición de los brazos, curiosamente, es la misma que la del Baphomet que comentaba antes... Veeeeeeeeeeeeenga, pongo una foto...

Es curioso señalar que hay una frase del Levítico (libro de la Biblia) en hebreo que diría algo así como «todo está numerado, pesado y medido», y vemos sobre la mesa una balanza, una regla y una hoja con cálculos aritméticos. ¿Por qué esta frase está en hebreo? Pues es un misterio, porque el libro original de la Biblia estaba en griego y, además, el texto contiene algún error... ¿casualidad?

El rey Salomón es conocido, aparte de sabio, como mago, pero entendido mago en el sentido de la época, es decir, en el mismo sentido que se hablaba de los magos de oriente que fueron a adorar al Niño Jesús (que ni eran tres, ni eran reyes, según el texto original), es decir, un sabio-alquimista-astrólogo (más o menos). Pues bien, se decía que Salomón controlaba su magia con un anillo que tenía grabado lo que se llamaba antiguamente «el sello de Salomón», que hoy se suele llamar estrella de David, y que está formado por dos triángulos opuestos y entrelazados: uno apunta hacia arriba y otro hacia abajo, tal como el Baphomet lo hace.

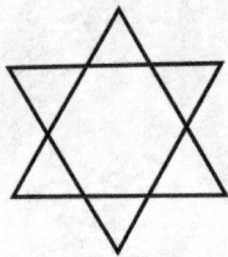

Estos dos triángulos juntos forman un exágono, polígono regular.

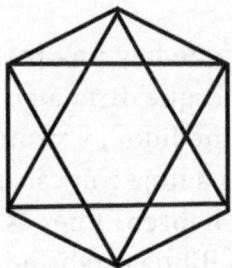

Los números de la hoja de cálculos que hay sobre la mesa comienzan por 1 2 3 4 (que suman 10, el número más sagrado de los Pitagóricos, que creían que había algo divino en los números).

Ese 10, si lo imaginamos como piedrecitas colocadas de forma consecutiva, formarán la figura perfecta del triángulo y no uno cualquiera, sino el llamado Tetractys.

Si miramos la Tetractys con atención y unimos puntos, tendremos, oh sorpresa…

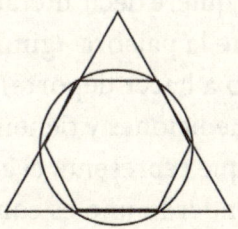

Viene aquí a colación recordar el juramento que hacían los pitagóricos: «Juro por Aquel que ha entregado a nuestras almas la Tetractys, una fuente que contiene las raíces de la naturaleza eterna...», en el que vemos el alma y la Tetractys íntimamente relacionadas. Sobre esto volveré un poco más adelante.

Sigamos con Salomón y la reina de Saba. Vemos también en la hoja con cálculos que 5 por 10 son 50 escrito en la forma en que se hacía en la época y, al lado, 4 por 8 igual a 48 ¿? ¿?¿?¿?¿? ¿Otro error o un código oculto?

Vemos en esta zona también a unos extraños personajes llamados los gimnosofistas, sobre los que poco nos ha llegado, pero parecen ser lo suficientemente importantes como para aparecer aquí, aunque realmente no sabemos el porqué.

Estos individuos eran sabios orientales que iban por la vida desnudos (el término quiere decir literalmente «filósofos desnudos», y de ahí viene la palabra «gimnasio», pues antiguamente se iba desnudo a hacer deporte) haciendo Matemáticas. Están tomando mediciones y tienen cálculos hechos en el suelo y un triángulo que representa el alma racional, dejando entrever que comprender lo uno es comprender lo otro.

Si nos fijamos en el triángulo atentamente, tenemos en un lado las cuatro primeras potencias de 3: 1, 3, 9 y 27, y en otro las de 2: 1, 2, 4... ¿¿¿3???? ¿Otro error? No lo creo.

En el centro del triángulo está escrita la palabra «Anima» pero la A no es una A, es una λ, pues resulta que este triángulo es lo que se llama un lambda platónico, ya que Platón explicaba el alma a partir de dos progresiones geométricas, concretamente las de las potencias de 2 y la de 3... Todo está relacionado. Si recordamos ahora el juramento que citaba antes y que relacionaba la Tetractys y el alma, todo parece tener más sentido evidenciando la naturaleza espiritual que se ha dado a los números durante siglos. Ya decía el padre Sigüenza que los números de la Antigüedad eran símbolos de otros mayores secretos...

También en esta sección está representado Boecio, un romano que destacó en muchas disciplinas, pero, por subrayar una relacionada con lo que nos ocupa, puso mucho interés en los números indoarábigos, que supusieron un salto cualitativo enorme para la Matemática.

Asimismo, está Arquitas de Tarento con una tabla que contiene números, un griego polifacético (llegó a ser Strategos, comandante en jefe de las fuerzas terrestres en la antigua Grecia nada menos), que fue la primera persona en encontrar una buena aproximación al famoso problema de la duplicación del cubo (si no lo conoces, te invito a que lo investigues, porque es bastante curioso, te lo aseguro).

También está Jenócrates, quien identificó los arquetipos platónicos.

Y Jordanus Nemorarius, quien continuó el trabajo de Al-Khwarizmi en la ecuación de segundo grado y trabajó mucho en la mecánica.

Pasamos a la zona de la Geometría. Esta zona está presidida por una alegoría de la Geometría sosteniendo en sus manos una vara de medir y un compás. Alrededor de ella diversos personajes sostienen cuerpos geométricos e instrumentos de medición.

En un lateral se puede ver a sacerdotes egipcios realizando cálculos geométricos diversos al lado del Nilo. Recordemos que las crecidas del Nilo provocaban la fertilidad de los campos de Egipto, pero también borraban los límites entre unos y otros y ahí la Geometría, en cuyo conocimiento estaban muy avanzados los egipcios, jugaba un papel fundamental.

En otro lateral vemos la escena previa a la muerte de Arquímedes. Arquímedes vivía en Siracusa, que en un momento dado fue invadida por Roma. Los romanos, que eran bastante inteligentes, hicieron lo mismo que modernamente los vencedores de la Segunda Guerra Mundial: no matar a los científicos alemanes por muy nazis que pudieran ser, sino aprovechar sus conocimientos. Con esta idea se había ordenado no matar a Arquímedes cuando se lo encontrase, pero ocurrió cuando Roma consiguió entrar en Siracusa que un soldado romano halló a Arquímedes haciendo cálculos con un palo en el suelo. Lo conminó a irse con él, pero parece ser que Arquímedes, ensimismado en sus cavilaciones, se cogió un buen cabreo y empezó a recriminarle al soldado que le estuviera pisando los cálculos, a lo cual parece ser que el soldado no reaccionó bien y lo acabó matando. Esto es lo que podemos ver en ese lateral.

Además de verlo aquí, también está en las lunetas.

En esta parte se encuentra Aristarco de Samos, famoso por calcular la distancia Tierra-Sol (lo hizo, cómo no, a base de triángulos. Creo que nunca podrá valorarse lo suficiente la importancia del buen uso de esta figura en la ciencia) y por ser la primera persona que sabemos que creía en el heliocentrismo (que la Tierra da vueltas alrededor del Sol). A sus pies hay un icosaedro y el personaje está usando un sextante.

Encontramos aquí a un personaje fuera de sitio (¿un nuevo error?). Ese lugar debería estar ocupado por Euclides (luego hablaré de él), pero se encuentra ocupado por Abd al Aziz (o Alcabitio), conocido principalmente por sus trabajos en astrología-astronomía más que por el resto de su obra. ¿Se quería quizá dar un carácter más «científico» a la astrología? Nunca los sabremos.

En la faja lateral está Eratóstenes, quien tiene muchas aportaciones a las Matemáticas, pero, como está en la Geometría, subrayaré su cálculo bastante aproximado del radio de la Tierra con unos métodos muy rudimentarios (lo explico en esta misma obra).

Y otro de los personajes que parece estar fuera de sitio: Diodoro Sículo, pues era más bien historiador... y geógrafo, supongo que por esto último está retratado aquí (aunque he de señalar que de su obra de cuarenta volúmenes no se conserva ni la mitad, por lo que quizá se nos escapa algo).

Está también Johann Müller (Juan de Monterregio en español), que tiene un dodecaedro. Es importante porque muchos lo consideran el padre de la Trigonometría.

Vamos a la Astronomía. Está presidida por una mujer con un compás en la mano derecha. Parece estar sentada sobre un globo terráqueo y mira al firmamento. A su alrededor, varios niños parecen estudiar los astros. Uno de ellos lleva una esfera armilar.

En esta zona encontramos a Euclides, personaje fuera de sitio, como decía un poco más arriba. Euclides escribió *Los Elementos*, obra compuesta de 13 libros que fue la Biblia de los geómetras durante siglos y cuyas 465 proposiciones siguen siendo válidas a día de hoy (siempre que respetemos sus axiomas, claro). En su regazo tiene un dibujo con el sello de Salomón, una persona hace mediciones astrales con una ballestilla y hay también un dibujo en el que vemos una circunferencia inscrita y otra circunscrita a un cuadrado y un triángulo que comparte un lado con el cuadrado inscrito. Euclides parece señalar este dibujo con su mano izquierda proyectando una sombra bastante redonda y que podría considerarse figura geométrica. En su mano derecha tiene un cuadrante, instrumento que sirve para tomar mediciones respecto a estrellas, concretamente se trata del cuadrante llamado de Apiano en honor a su creador.

En esta misma zona tenemos también otro personaje, Sacrobosco, utilizando igualmente un cuadrante. Se trata de un irlandés nacido en Holywood, de ahí su nombre (*holy* es sacro, sagrado, y *wood* es bosque, bosco). Este irlandés, que creía en la concepción geocéntrica del Universo (la Tierra en el centro de todo), promovió los métodos aritméticos y algebraicos de los árabes y... podría haber estado por ello en la parte de la Aritmética (¿otro error?).

Los instrumentos de medición de los que hablamos eran importantes en la navegación, por supuesto: el cuadrante, la ballestilla, el sextante... y el astrolabio que podemos ver aquí también. La Biblia refiere un eclipse de Sol que tuvo lugar en el momento en que murió Jesús («...porque se oscureció el Sol. El velo del templo se rasgó por medio...») y aquí podemos ver al obispo Dionisio Areopagita en el momento de su conversión al hilo del tal eclipse acompañado del filósofo Apolófanes. A su lado hay una persona con otro cuadrante. Por cierto, lo de Areopagita viene de que pertenecía al Areópago, consejo que se reunía en el monte dedicado a Ares.

Alfonso X, «el Sabio», también se encuentra presente. Con la mano izquierda mantiene entreabierto un libro en el que podemos ver… ooootro cuadrante de Apiano. También hay un triángulo y un rectángulo que comparten un lado como en la luneta de Euclides y en la lámina bajo el libro un extraño dibujo: un pie, la Osa Mayor, una brújula y un animal. El pie es la constelación de Cefeo y las otras estrellas son la Osa Mayor, la Osa Menor y, por supuesto, la Estrella Polar (no falta quien diga que están en la posición que ocupaban el día que nació Felipe II, pero tal cosa se me escapa) y la brújula… que es un objeto fuera de su tiempo (*oopart*, se les dice ahora). ¿Otra casualidad? Probablemente este dibujo quiere subrayar la importancia de los métodos de orientación en el mar y en tierra, métodos que se mantuvieron secretos lejos del alcance de potencias rivales durante siglos.

A un lado podemos ver representado un pasaje bíblico del Libro de los Reyes. En él, Ezequías está anciano y enfermo en su cama y, sintiéndose próximo a la muerte, le reza a Yavé. Este le concede una «prórroga» de quince años y como señal hace retroceder un reloj solar que su padre, Ajaz, había hecho construir (el reloj está a la izquierda, pero no salió en la foto, mis disculpas).

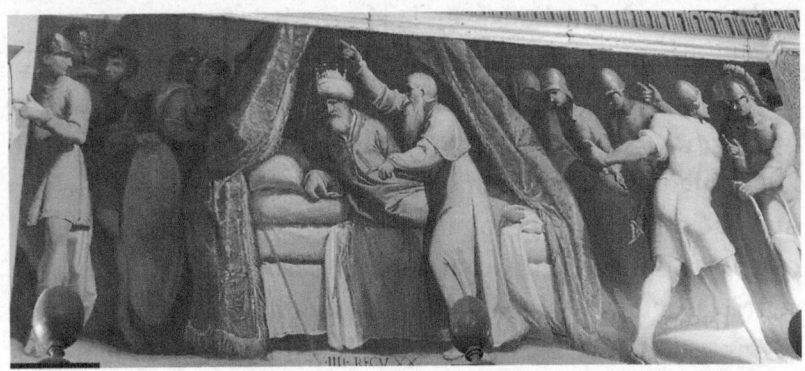

También vemos pintado a Ptolomeo, cuyo modelo geocéntrico fue muy seguido durante siglos, llamándose también modelo ptolemaico en honor a él, y está representado sosteniendo una esfera armilar en la mano izquierda.

Aunque hemos hecho un buen viaje por grandes matemáticos, aún queda uno por descubrir en la biblioteca, pero no está ni en la Geometría, ni en la Astrología, ni en la Aritmética. Está en la Música. ¿Recordáis cuando os hablé del Quadrivium? La cuarta pata de esa mesa, por así decir, es justamente la Música, y allí encontramos nada más y nada menos que a Pitágoras, pues fue la primera persona que conozcamos que relacionó las Matemáticas y la Música a partir del sonido de martillos al golpear un yunque para continuar posteriormente con la longitud de las cuerdas de los instrumentos comenzando por el monocordio, que tiene una sola cuerda. Aquí lo vemos con el martillo percutor de sonidos.

Aparte de las zonas más concretamente dedicadas a las Matemáticas, podemos ver a Platón (hemos hablado anteriormente de él) en la zona de la Filosofía (el segundo por el lado izquierdo, al lado de Aristóteles) pues es más famoso quizá por su Filosofía que por su Matemática.

En realidad, la biblioteca comienza en la parte de la Filosofía y acaba en la de la Teología. Es como si las siete Artes Liberales fueran un viaje que une la una con la otra.

También en esta parte está «La Escuela de Atenas», en la que podemos ver un dodecaedro (doce caras, doce signos del zodiaco... A buen entendedor...), dos esferas y un tetraedro. Parece algo más que un guiño a la Geometría.

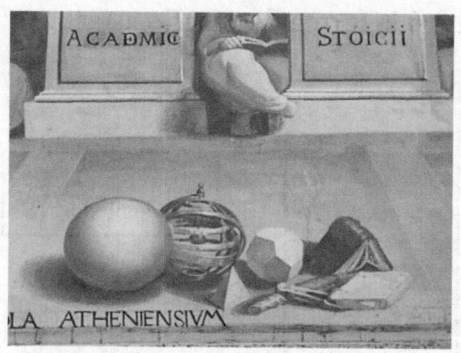

No quiero dejar pasar este capítulo sin hablar de la bóveda plana de piedra que podemos encontrar en El Escorial. Comprendiendo el interés por las Matemáticas (y el conocimiento en general), se entenderá lo avanzada que estaba la corte en todo tipo de tecnologías, pudiendo comprobar este hecho en la instalación de un elemento que yo diría único en el mundo. Todos sabemos que la construcción en arco o en bóveda (según se considere en 2D o 3D) es muy resistente al peso, pero, claro, por su propia forma quita espacio útil. Esto ocurrió en El Escorial cuando se quiso construir espacio para el coro. Resulta que la bóveda que sería natural realizar en estos casos se comía casi por entero el espacio. Pasaba una cosa así:

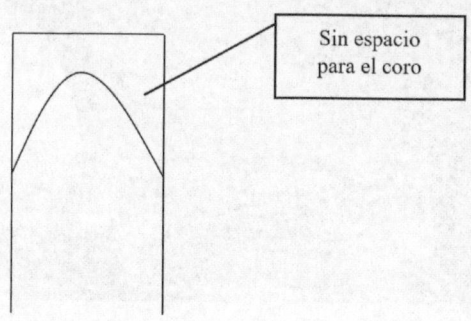

Y se encontró la forma de hacerlo así:

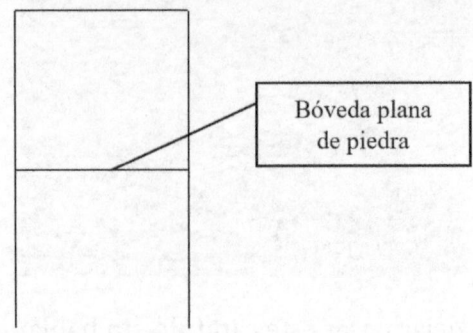

Bóveda plana
de piedra

Sí, ya sé que parece una recta normal y corriente, unas vigas atravesadas y ya está, pero construirla así no hubiera aguantado el peso de lo que tenía encima, por lo que la solución (muy difícil de diseñar y de realizar para los canteros) fue la siguiente:

Tan difícil que incluso los coetáneos no se fiaban del diseño de esta cúpula (que debemos a Juan de Herrera) y pensaban que colapsaría más pronto que tarde, por lo que se obligó a añadir una columna en el centro del diseño. Al hilo de esto se cuenta la anécdota de que Juan de Herrera puso la dichosa columna a regañadientes, pero la hizo de un material endeble y sin agarre. Cuando Felipe II fue a revisar la obra, se dice que Herrera le dio una patada a la columna tirándola al suelo. La bóveda, por supuesto, aguantó (de hecho, aguanta hasta hoy) y el rey le espetó la famosa frase: «Herrera, Herrera, con el rey no se juega».

En fin, para que hablen de atraso tecnológico de España. No sé, por cierto, cómo se animará a un cantero para que trabaje bien, pero sí sé que a un jardinero se le dice «¡pétalo!».

Para acabar ya del *to* vamos con la lista prometida, pero, antes de nada, decir que esta lista es de maravillas del Mundo Antiguo, por lo cual no tiene mucho sentido incluir a El Escorial, porque no es de esa época (sí, «a El», no se puede hacer contracción cuando el «El» pertenece al nombre del que se trata):

- La gran pirámide de Guiza (única que queda en pie)
- El templo de Artemisa en Éfeso
- La estatua de Zeus de Olimpia
- El coloso de Rodas
- El faro de Alejandría
- Los Jardines Colgantes de Babilonia
- El Mausoleo de Halicarnaso

# Capítulo IX
# CUANTAS MÁS DIMENSIONES MÁS DIVERSIONES... CREO

Felipe («el Lechero» le decían por su oficio) tenía un negocio que aglutinaba la producción de leche, su venta, una tienda de ultramarinos y también hacía de taxista con su DKV en los tiempos en que mucha gente del pueblo no tenía coche. Si quisiera apuntar las horas dedicadas diariamente a cada actividad, podría hacerlo así: (4, 4, 3, 2). Eso, amigos, es un vector cuatridimensional. ¿Veis lo fácil que es hacer surgir dimensiones? Cuando hablamos de dimensiones tenemos la idea siempre de dimensiones espaciales: longitud, anchura, altura... y quizá la del tiempo, pero poco más. En realidad, las dimensiones hay que pensarlas en sentido amplio como mediciones de elementos que pueden ser de cualquier tipo y de cualquier naturaleza. Vamos entonces poco a poco a entender esto.

Si tengo una línea, puedo describirla con una dimensión (su longitud); si tengo un folio, necesito dos (largo y ancho); si tengo un cubo o frinkaedro, necesito tres (largo, ancho y alto). Si ese cubo es concretamente un cubito de hielo y necesito decir cuánto tiempo ha pasado desde que lo saqué del congelador, le añadiría una cuarta dimensión temporal. Y esto no se acaba aquí: si quiero saber el porcentaje de cloro que lleva el agua con la que se hizo, pues eso será una quinta dimensión, y este camino no tiene fin. De hecho, casi cualquier actividad humana o natural genera una multitud de datos que la hace pluridimensional. Si estos datos varían con el paso del tiempo (cosa nada extraña), puedo ponerlos en filas o en columnas y lo que tendré es una matriz (de ahí el nombre de la peli: *Matrix*).

Según los físicos, nuestro Universo tiene (creo que vamos por) once dimensiones, algunas de ellas plegadas sobre sí mismas (cosa que confieso que no alcanzo a comprender muy bien qué quiere decir), así que mejor bajar un poco las dimensiones para poder aproximarnos a lo que hay detrás de esto. Imaginemos un mundo bidimensional, como lo que vemos en la pantalla de una máquina de aquellas de Arcade, el típico de los marcianitos, *Space Invaders* para ser exactos*. Nosotros vemos sus ojos, por ejemplo, pero ¿qué ve un marcianito cuando mira a un lado? Pues a otro marcianito, pero no es capaz de apreciar sus entrantes ni sus salientes, solo ve una línea recta. De hecho, en ese mundo todos se ven unos a otros como líneas rectas. Un poco triste, la verdad, pero ahora pensemos en nosotros, seres tridimensionales. Nosotros vemos a los marcianitos tal como son, pero ellos no nos pueden ver, al menos no pueden ver la parte de nosotros que no está en su mundo (su pantalla plana). Si pongo un dedo sobre la pantalla, ellos verán la parte de dedo que la toque. Y NADA MÁS. Pero vamos más allá: si pudiésemos atravesar la pantalla con el dedo ellos, solo verían el «corte» de mi dedo con la pantalla, una loncha por así decirlo. Pero claro, al verlo desde fuera lo ven como una recta como decíamos antes. Así que la experiencia de estos seres con un ser de una dimensión más es bastante parcial e irreal. En cambio, al revés, la cosa es maravillosa, si un marcianito tuviera un tumor, yo podría verlo sin escáneres ni rayos X ni RSM ni nada de nada, cogérselo (sin romper el borde del marcianito), sacarlo y hacerlo desaparecer. O sea, ríete tú de la cirugía de mínima invasión, esto es cero invasión, puedo operar a un marcianito sin tocar siquiera su piel. Podría incluso meter a uno dentro de otro sin hacerle ningún agujero.

Como decía aquella gran pensadora de televisión, «*¿me s'entiende?*». Es que, si no, no podemos pasar a una dimensión más. Vale (esta es la última palabra del Quijote, lo digo porque hay quien se las da de culto por saber la estupidez esta), pues si viniera un ser cuatridimensional, lo que veríamos de él es el corte de este con nuestro mundo tridimensional. Si nos imaginamos un cubo tridimensional, al pasar por un mundo bidimensional (o sea, pegarle un corte), lo que sale es un cuadrado. Pues pasa lo mismo con la cuarta dimensión. Hay cubos cuatridimensionales (esto lo explico ahora) que si vinieran a nuestro mundo «perderían» una dimensión y serían cubos normales.

Esto de las dimensiones es complicado porque llega un momento en que no se puede visualizar y para la gente normal el ser dimensión y no poder visualizarlo no parece que cuadre por ningún sitio, pero lo que sí podemos hacer es intentar comprenderlo y, sobre todo, manejarlo aun sin poder verlo, que es lo mejor. Veamos un ejemplo:

Una línea recta tiene dos vértices (los extremos) y una arista (la línea propiamente dicha).

Un cuadrado tiene cuatro vértices, cuatro aristas y una cara (el cuadrado propiamente dicho).

Un cubo tiene ocho vértices, doce aristas y seis caras.

Un hipercubo (cubo en cuatro dimensiones), siguiendo esta lógica, tendrá dieciséis vértices, treinta y dos aristas y veinticuatro caras y, aunque no se puede visualizar, sí sabemos cuál es su estructura, como acabamos de ver. Hay incluso artistas que han intentado hacer aproximaciones visuales en 3D, o sea, dibujar un objeto con el número de vértices, aristas y caras que un hipercubo sabemos que debe tener. Es el caso de Dalí y su Crucifixión Corpus Hypercubus, el Arch de la Défense en París (Johan Otto von Spreckelsen), el monumento a la Constitución de Miguel Ángel Ruiz-Larrea en Madrid o la base del monumento a San Vicente de Paúl en Badajoz, de José Manuel Gamero Gil.

Hablando de Dalí, por cierto, se me viene a la cabeza una frase suya: «Los pensadores y literatos no me aportan absolutamente nada. Los científicos, todo, incluso la inmortalidad».

No poseo los derechos de imagen del cuadro de Dalí del que os hablaba, pero os pongo aquí un esquema de la cruz, que es como él interpreta el hipercubo.

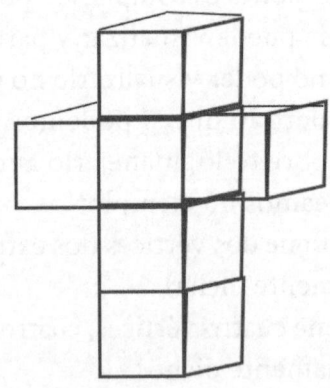

Pero lo importante de la multidimensionalidad, como decía al principio del capítulo, no está en visualizar o intentar visualizar muchas dimensiones, sino en pensar en estas dimensiones como espacios en los que acumular información, es decir, si tengo una empresa que tiene 271 obreros, 8 camiones, 2 naves industriales, 8 directivos, 18 depósitos de combustible, 28 ordenadores y 4 impresoras, esta empresa podría describirse como (271, 8, 2, 8, 18, 28, 4) una empresa de 7 dimensiones y funcionar con ella sin necesidad de visualizar nada. Como también decía al principio, si dispongo estas cantidades en filas según cómo van variando a lo largo de los días, por ejemplo, lo que tendría es

```
271   8  2  8  18  28  4
314  15  9  2  65  35  8
161  80  3  3  98  87  4
```

Que es una matriz. Para que sea un elemento matemático basta ponerle unos paréntesis y tira millas. Así:

$$\begin{pmatrix} 271 & 8 & 2 & 8 & 18 & 28 & 4 \\ 314 & 15 & 9 & 2 & 65 & 35 & 8 \\ 161 & 80 & 3 & 3 & 98 & 87 & 4 \end{pmatrix}$$

Las matrices, como vemos, almacenan información que se transmite por medios digitales. Aquí surgen nuevas ideas matemáticas: si yo consiguiera simplificar esta matriz de forma que, conteniendo la misma información tuviese muchos números «fáciles», como ceros y unos, sería más cómodo y rápido manipularla. Esto es lo que hace Google todos los días para simplificar la agobiante cantidad de datos que debe manejar y tiene que ver con entes matemáticos llamados autovalores y autovectores. Con ellos se consiguen esos montones de unos y de ceros en la matriz a los que me refería antes. Para ello hay que resolver una ecuación matricial de este tipo: det(A-tI) = 0 donde A es la matriz que quiero hacer más simple, I la matriz identidad, «det» el determinante y «t» el número que busco. Animo al lector curioso a echarle un rato a investigar el asunto.

Para acabar, no me resisto a contar una curiosidad: existió un médium llamado Henry Slade a finales del siglo XIX que, entre otras cosas, decía que podía visitar otras dimensiones... y que lo podía probar.

Toma una tela cortada así:

Y decía que era capaz de entrar en la cuarta dimensión y anudarla en un nudo imposible para un ser tridimensional. El resultado final era el siguiente:

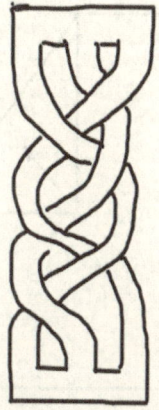

Hoy sabemos que se puede hacer en 3D, pero en la época fue algo muy sonado. No obstante, eso de añadir una dimensión para resolver un problema es algo muy a tener en cuenta.

Fijaos en este dibujo de una circunferencia y un punto. ¿Seríais capaces de hacerlo sin levantar el lápiz de la hoja?

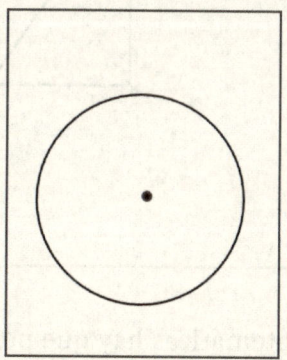

Pues si nos salimos de las 2D que supone la hoja, sí, basta con doblar una esquina del papel hasta el punto, dibujar el punto, pasarse a la parte trasera de la hoja

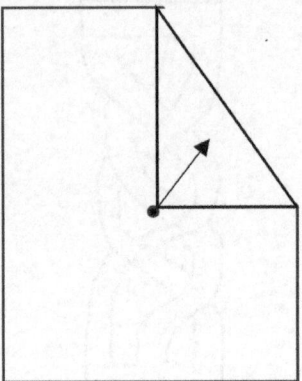

Y a partir de ahí dibujar la circunferencia levantando la punta del papel doblado para completarla.

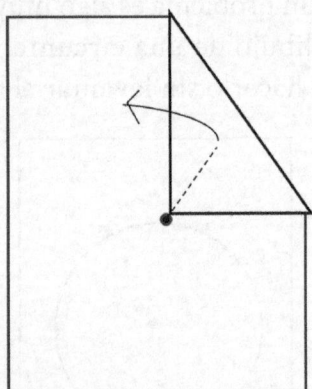

Recordad, en Matemáticas hay que pensar diferente.

Pedestal estatua San Vicente de Paúl. Badajoz

Monumento a la Constitución del 78.
Fotografía de FDV (sin modificar)**

# Capítulo X
# LOS TERCIOS DE FLANDES
# (Y LOS QUE NO SON DE FLANDES)

Una de las cosas que se me quedó grabada en la retina en mi infancia y adolescencia es el tatuaje que tenía Maxi en el brazo: un enorme escudo de la Legión, pues estuvo en un Tercio. Eran tiempos en los que yo tenía mucho pelo, ahora tengo tercio-pelo, en fin... Probablemente la Legión es uno de los herederos más directos de los antiguos Tercios. De hecho, se siguen organizando con ese nombre, aunque los paralelismos entre dos épocas tan diferentes de la Historia son complicados de hacer.

Vamos a remontarnos un poco en el tiempo. Existe la creencia popular de que toda la infantería española estaba formada por Tercios y no, los Tercios eran solo una parte del ejército (una muy importante, eso sí). Una buena parte de su éxito se debe a las Matemáticas... Tanto que he publicado un libro sobre el tema: *Un Tercio es más que uno partido por tres* (perdón por el autobombo). Aquí daré una pincelada sobre el asunto, pero, si te interesa más el tema, tendrás que hacerte con el libro.

Una de las razones por las que los Tercios funcionaban es porque eran resistentes a las cargas de caballería. Antes de que nuestra infantería comenzara a señorear los campos de batalla, era la caballería pesada francesa la que lo hacía. Pesada no porque fueran unos plastas (que también), sino porque estaba formada por caballeros y caballos fuertemente protegidos por armaduras (lo que aumentaba el peso del conjunto y de ahí el nombre). Las cargas de esta caballería eran como una apisonadora; no había forma de pararlas... hasta que llegaron los Tercios. Estos comenzaron a formar en «escuadrón de gente» utilizando picas, una especie de lanzas larguísimas que constituían un bosque erizado y mantenían a la caballería a raya mientras que las unidades con arma de fuego (arcabuceros y mosqueteros) la diezmaban. Estos escuadrones podían tener muchas configuraciones, una de las más famosas es el cuadro. Para formarlo, no hay más que pensar en los piqueros como en unidades de superficie, pues los piqueros no formaban, en principio, solamente en el borde del cuadro, sino que lo rellenaban completamente. Así, si tenemos 121 piqueros. Basta con hacer la raíz cuadrada de 121 para obtener el lado del cuadro, es decir 11. Serán, por lo tanto, once filas y once columnas a la hora de formar.

Sí, ya, que es muy complicado que el número de piqueros disponible sea cuadrado perfecto. No hay problema, los que quedan de resto (o de pico) se usan para escolta de banderas.

Pero el problema es bastante más complicado porque la pica, que es bastante más larga que ancha, debe ser maniobrada con comodidad por el piquero. Así, este necesitará espacio para estar no solo cómodo él, sino cómodo en el manejo del arma y, como no puede ser de otra forma, esto estaba perfectamente medido y tasado por las ordenanzas militares. Se consideraba adecuado que el piquero tuviera un espacio de tres pies de frente y siete de fondo para maniobrar (no, no es que fueran pulpos con tantos pies, es que el Sistema Métrico Decimal no se había inventado y las distancias se medían así).

¿Deja entonces de ser útil la raíz cuadrada para formar los cuadros? Pues no, lo que se hace es utilizar un factor de multiplicación que cuadre la situación. Veámoslo con un ejemplo: si tengo 21 piqueros multiplicaré por 3/7, obteniendo 9, le saco la raíz cuadrada, que es 3, y dividiendo 21/3 obtengo 7, por lo tanto, el cuadro deberá tener 7 de frente y 3 de fondo, con lo que el frente medirá 7x3 (porque se necesita un espacio de tres pies en el frente), que son 21, y de profundidad tendrá 3x7 (porque se necesita un espacio de siete pies para el fondo), que son 21 también.

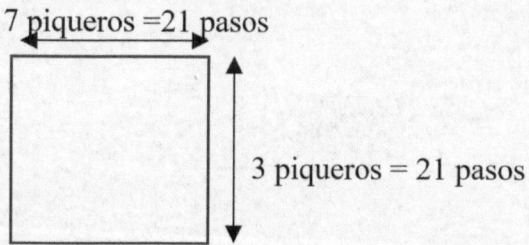

En total, el escuadrón habrá quedado cuadrado y, si hubiera quedado algún pico, pues guardia de banderas, como decía antes.

En resumen, lo que he hecho es «cuadrar» a los piqueros para después hacer la raíz cuadrada. O, si se quiere, utilizar como factor de conversión la raíz cuadrada de 3/7. Hasta aquí todo bien, como buen matemático me trae al fresco si esta solución, que es plenamente correcta, es factible en la realidad de la época… época en la que no había calculadoras que nos hicieran las raíces cuadradas… pues bien, seamos prácticos. Hay una forma de rodear el problema de tener que hacer una raíz cuadrada sin calculadora. Resulta que el factor de conversión raíz de tres séptimos vale 0,654653671… que es muy parecido a 0,66666… que son 2/3, número bastante más fácil de usar y manejar (y lo sabes), aunque también hay otras formas sensiblemente peores y que eran de uso en la época, pero no voy a entrar en ellas aquí; me remito (de nuevo) a mi otro libro.

Formación en escuadrón cuadro.
Galería de la Colecciones Reales. Madrid

# Capítulo XI
# SUPERFICIES REGLADAS

Muchos años duraron las obras en casa de Sara. Había quien decía que parecía la obra de El Escorial. Esta tardanza nos permitió durante mucho tiempo usar su zaguán para resguardarnos del frío y comer pipas. No era algo muy cívico, pero eran otros tiempos. Y eso que la obra no era muy complicada. Imagino qué hubiera pasado en otras circunstancias...

Señor albañil, hágame esto:

Seguro que el albañil no cortocircuita porque lo que en apariencia es algo muy diferente a una casa rectangular y se sale mucho de la costumbre instalada en la arquitectura de construir líneas rectas resulta no ser más que eso, líneas rectas... aunque no lo parecen, lo sé.

Esto es lo que en Matemáticas denominamos superficies regladas, porque son superficies que se generan con una recta (una regla, vamos). Y no, no voy a hablar del dichoso cono que ya aburre.

Tomemos una humilde recta gris:

Si la vamos desplazando por la hoja (dejando «rastro») sin inclinarla lo que obtengo es lo siguiente:

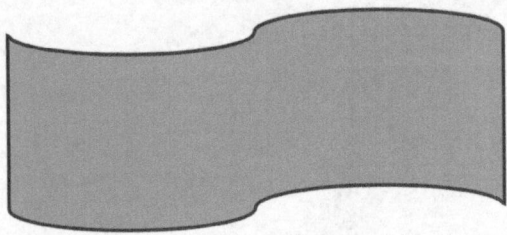

Que es una superficie. Aunque sus bordes sean curvas, he generado la superficie a partir de algo no curvo, una recta. Y, si la inclino, saldrá otra cosa, que será también superficie y reglada, pero de momento dejémoslo así.

Si esto lo hago sin estar constreñido al plano, lo que me sale tiene tres dimensiones y puede ser curvo, pero seguirá estando generado por rectas. Si me paso ahora a la construcción de edificios y pongo «vigas» donde pone «rectas», lo que obtendré será fácil de construir y precioso de ver. Vamos a poner un ejemplo.

Partiendo de dos triángulos rectángulos colocados de esta forma sobre un plano:

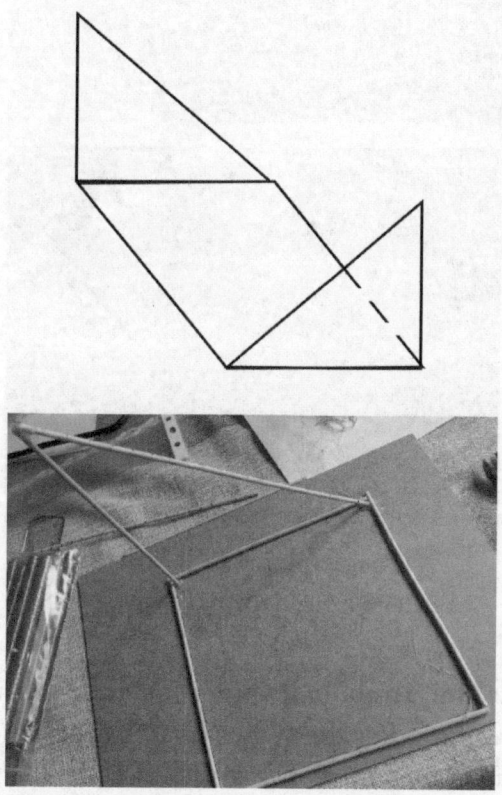

Así se empezaría en la realidad

111

Si ahora divido cada hipotenusa en partes iguales y las voy uniendo, tendré:

A lo que puedo poner una cubierta
y parecerá que he hecho formas curvas

Así tendré un paraboloide hiperbólico. Si al oír este nombre has levantado la cabeza y estás mirando las musarañas para desconectar, te diré dos cosas: una, que es muy fácil y dos, que las musarañas son roedores, si quieres mirarlas, ten-

drás que mirar al suelo (compruébalo si quieres en internet...
si es que todavía funciona eso, como decía Homer Simpson).
Finalmente, tendremos la estructura de la foto del principio
del capítulo. Pongo más imágenes para que se aprecie mejor:

Colegio Santa Teresa. Badajoz (lástima que la foto no se vea en color, porque
está tomada en uno de esos preciosos atardeceres color naranja de Badajoz)

Hay muchas otras construcciones que siguen esta idea. Vamos a ver algunas:

Edificio de bienvenida al Oceanográfico. Valencia

Oceanográfico. Valencia

Proceso de construcción. Fotos del Museo de las Artes
y las Ciencias. Valencia. Obsérvense las vigas

Y, para terminar, algunos otros lugares que no son edificios donde podemos ver más superficies regladas:

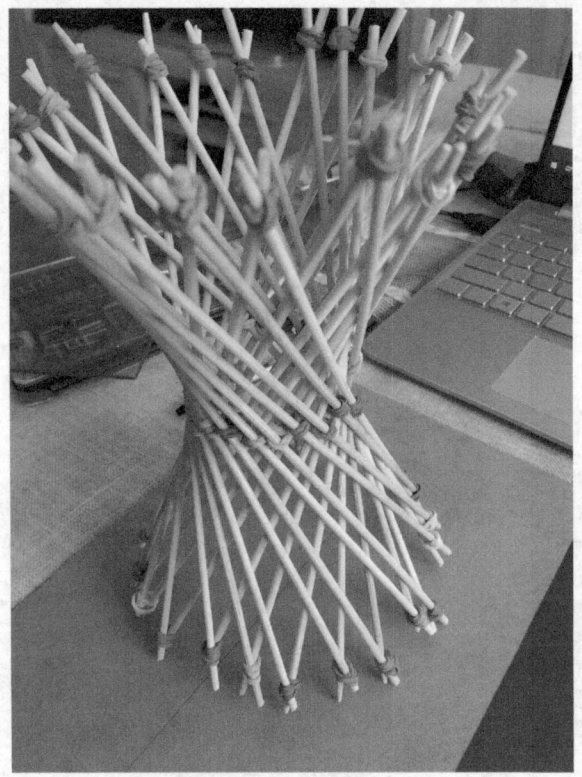

Hiperboloide circular (los cortes paralelos al suelo son circunferencias). Es la forma que tienen las torres de refrigeración de las centrales nucleares (aprovecho para aclarar que lo que sale por ellas no es humo, sino vapor de agua)

Don del Artista. Ángel Duarte Jiménez. MEIAC. Badajoz

Perchero. Extinto Pirata. Toro (Zamora)

Los palabros estos, por cierto, como paraboloide hiperbólico, no están elegidos por una IA malvada que no piensa en otra cosa que en fastidiarnos la vida como el que inventó los pantalones de campana. Se deben a la forma que tiene la figura si la corto, o sea, que, si la figura fuera una tarta, al cortarla, según la dirección en que la corte, el corte tendrá una forma u otra (parábola, hipérbola, elipse o lo que sea, y en función de eso se bautiza la figura).

Estos cortes no me resisto a decir que son los que dan nombre a las «cónicas» (la circunferencia, la parábola, la elipse y la hipérbola), pues todas se obtienen cortando un cono. Según incline el cuchillo saldrá una cónica u otra. En estas fotos podemos ver un (medio) cono y a su lado otro que ha sido cortado de forma no paralela al suelo. Lo que se obtiene en el corte es justamente una elipse.

Ciudad de las Artes y las Ciencias. Valencia

A las cónicas ya he dedicado otros capítulos, así que pasemos a otra cosa.

# Capítulo XII
# PIENSA DIFERENTE

No conocí a mi abuelo de Pozoantiguo, Antonio. Desgraciadamente, murió durante la Guerra Civil. Las guerras son unos sucesos que desafían toda lógica y que nunca se pueden ganar, al final todos pierden de una forma o de otra. Entre nuestros mandatarios muchas veces se echan en falta razonamientos de peso, que tengan en cuenta todos los datos y todas las variables, que no sean meras ocurrencias. Hacen falta dirigentes que piensen distinto… y el matemático debe pensar diferente, no debe dejarse llevar por la intuición, ni por la apariencia, ni por la tentación del camino fácil. Vamos a ver un par de ejemplos bastante significativos.

Coloquémonos en el contexto de la Segunda Guerra Mundial y pongamos que estoy en un aeropuerto militar y me llega un avión cosido a balazos en una zona muy concreta del fuselaje. ¿Qué debo hacer? La intuición nos diría que lo mejor es taparlos para reforzar esa zona que ha sido dañada. Pongamos ahora que llega otro avión cosido a balazos en otra zona y pienso lo mismo. Pongámonos ahora en la piel de Abraham Wald, quien se encontró con esta situación y la abordó desde un punto de vista estadístico: si estos aviones que tengo aquí han conseguido volver del frente será porque esos daños que presentan no son relevantes para que el avión se mantenga en el aire, habrá que reforzar las zonas que no aparecen dañadas en los aviones que lleguen de vuelta, pues los que tuvieron daños allí son los que no han conseguido volver. Dicho y hecho (y ¡ZASCA!, señora intuición), con esta táctica las bajas descendieron un quince por ciento.

Se cuenta sobre Gauss que, siendo niño, su maestro no tenía muchas ganas de trabajar (sí, sí, no os lo creeréis, pero así era) y mandó a los niños sumar los cien primeros números pensando que tendría un rato de tranquilidad mientras lo hacían, pero Gauss le dio el resultado casi instantáneamente. ¿¿¿Cómorrrrrr??? Pues pensando de forma poco usual. La intuición nos dice que sumarlos de uno en uno por orden de aparición nos asegura no olvidarnos ninguno y nos proporciona una forma segura de llegar a buen puerto peeeeeeeeeeeero, pensando como Gauss, si me paro a mirar la lista a sumar...

$$1 + 2 + 3 + 4 + \dots\dots\dots\dots\dots 97 + 98 + 99 + 100$$

...veo que el primero y el último son 1 y 100, que suman 101. El segundo y el penúltimo son 2 y 99 que suman 101 también, el tercero y el antepenúltimo son 3 y 98 que ¡TAMBIÉN! y ¡¡¡pasa con todas las parejas si tomo uno del principio y uno del final!!! ¡Chachi! (y añadiría que piruli). Si veo que tengo 50 parejas (la mitad de 100), pues la cosa será facilísima: 50 x 101 = 5050 y ya está. Qué rico el niño...

Quien sepa la fórmula de la suma de los n primeros términos de una progresión aritmética ahora comprenderá el porqué (sí, este «porqué» es junto y con tilde): «Se suma el primero y el último, se multiplica por el número de ellos y se divide entre dos», blanco y en botella (gel de baño, supongo).

Para acabar, vamos a pensar distinto también sumando los números impares por orden, o sea: $1 + 3 + 5 + 7 + 9$... Si lo intentamos hacer por las bravas (y no me refiero a las patatas), puede pasar lo mismo que con la cuenta de los alumnos no-Gauss de la clase de la que hablaba antes, pero hagamos el cálculo con piedrecitas. No me resisto a hacer caer al lector en lo absurdo de esta expresión porque los romanos llamaban *calculus* a las piedrecitas y también, claro, a las piedrecitas que usaban para hacer cálculos (en ausencia de calculadoras como tenemos ahora), y del uso de esos *calculus* para hacer operaciones aritméticas llegamos a llamar cálculos a estas... Ahora comprenderás también por qué se llama «cálculos» a las piedras que salen en los riñones. Bueno, vamos al tema, que me voy con facilidad por los cerros de Úbeda... por cierto, ¿sabéis de dónde viene esta expresión? Nooooo, *vade retro*, Satán, volvamos al tema ya.

Si al sumar $1 + 3$, en vez de colocar las piedrecitas una a continuación de otra, las pongo así (la más gruesa representa el 1 y las otras, el 3):

• .

. .

Resulta que me sale un humilde cuadrado, y tendré que contiene $2^2$ piedras, con lo que $1 + 3 = 2^2 = 4$

Si añadimos cinco más colocados convenientemente, tengo otro cuadrado de $3^2$, así que $1 + 3 + 5 = 3^2 = 9$ (pongo también en distinto tamaño la piedra correspondiente al 1, las del 3 y las del 5).

Si sigo así, resulta que $1 + 3 + 5 + 7 = 4^2$, así que, si quiero hacer un cálculo difícil... $1 + 3 + 5 + \ldots + 17$ será $9^2$, que son 81 (te propongo que lo dibujes tú o, mejor, que lo hagas con piedrecitas de verdad). Qué fácil, ¿no? La regla es simple: hay que tomar el número siguiente al último número de la lista entre dos. Cuando era un 5, pues 5/2 son 2,5 y el siguiente es el 3; cuando era el 7, tenemos que 7/2 son 3,5 y el siguiente es el 4. Por eso, cuando el último era el 17, tomé el siguiente a 17/2, o sea, el 9. Luego, elevar al cuadrado y listo.

Pensar tiene sus ventajas, ponte a hacerlo ya, no lo dejes para otro momento, no procas..., procres..., procrastri... mañana aprendo a escribirlo bien, os lo prometo.

# Capítulo XIII
## A VUELTAS CON EL INFINITO

Dominar el infinito, que decía mi profesor don Santiago Pérez-Cacho, es algo imprescindible para un matemático y no es nada fácil, porque la lógica de la vida diaria parece mandarnos por caminos diferentes de la lógica Matemática. Vamos a ello.

Mi tía Juliana participaba con mi abuela en la gestión de la posada y el estanco del pueblo, por supuesto, un número finito de habitaciones, pero ¿y si hubiera tenido infinitas habitaciones, todas ellas individuales? ¿Y si un día determinado todas estuvieran llenas? ¿Y si ese día llega un cliente muy importante y se quisiera darle posada?

Pues resulta que no hay ningún problema. Si suponemos que las habitaciones están numeradas comenzando por el uno, basta con decirles a todos los clientes que se pasen a la habitación con un número más: el de la uno pasará a la dos, el de la dos a la tres, el de la tres a la cuatro… y como hay infinitas, nunca me voy a encontrar un momento en el que un huésped no pueda pasar a la siguiente (esta es la parte más difícil de aceptar para quien entra en contacto por primera vez con el infinito) y tendré la habitación número uno libre y ¡ta-chan!, el poder del infinito me ha resuelto el problema.

Es más, ¿y si viniera otro? Pues haría lo mismo, y si viniera otro, y otro, y otro... podría hacer lo mismo siempre... así que, aunque vinieran infinitos (¡toma ya!), podría repetir el proceso consiguiendo el mismo resultado. Mejor aún, si vinieran infinitos, podría resolverlo de una tacada diciéndole a los huéspedes que se pasaran a la habitación con número par siguiente, con lo que liberaría DE GOLPE todas las habitaciones con número impar, que son infinitas, claro. Precioso, ¿no? (es una pregunta retórica).

En este proceso he saltado por encima el problema de si todos los infinitos son iguales (como las tías, que dicen los tíos... o como los tíos, que dicen las tías). Y la respuesta es que no, pero, como decían en *La historia interminable*, esa es otra historia y debe ser contada en otra ocasión.

Lo bueno de dominar el infinito es que puedo hacer cosas como sumar infinitos números y que la cantidad salga finita... ¿Que no? Sujétame el cubata...

Sumemos:

$$1$$
$$0,1$$
$$+\ \ 0,01$$
$$0,001$$
$$0,0001$$
$$\dots\dots\dots$$

La suma es, evidentemente, 1,111111111..., un número finito y bastante pequeño, diría yo. Sin despeinarnos, hemos conseguido sumar en un momento infinitos números. He de aclarar que, para mí, resolver algo sin despeinarme es bastante sencillo, ya que tengo la «frente despejada»... Ainssssssssss.

Esto de sumar infinitas cosas se llama serie (sí, como *The Big Bang Theory*) y no siempre se puede sumar, claro. Es evidente que $1 + 2 + 3 + 4 +...$ no da una cantidad finita, pero bajo ciertas condiciones (en las que no voy a entrar aquí) sí. Además, a veces incluso se puede visualizar.

¿Cuánto suma $1/2 + 1/4 + 1/8 +...$?

Pues fijémonos en este cuadrado de lado 1. Si lo divido por la mitad, el área que queda es 1/2 por 1 (base por altura) que es 1/2, si la mitad restante la divido a la mitad cada trozo tendrá una superficie de 1/2 al cuadrado, o sea 1/4 y, si sigo dividiendo por la mitad y dividiendo por la mitad y dividiendo por la mitad, tendré que la suma propuesta es la suma de todas las áreas de esas divisiones, o sea, el área de TODO el cuadrado que es $1^2 = 1$, por lo tanto...

$$1/2 + 1/4 + 1/8 +... = 1$$

¡Alucina, pepinillos!

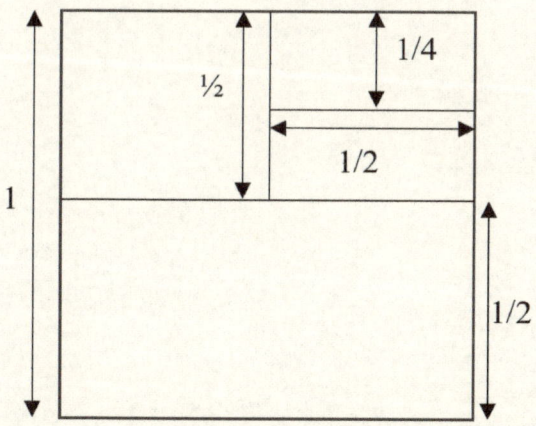

Sí, soy consciente de que todo esto es muy antintuitivo (o antiintuitivo, que también se puede decir) y en eso consiste, en dominar el infinito, quitarse de encima toda la mochila de ideas que tenemos sobre lo finito y abrirse a un mundo nuevo... y no fácil, ya os lo voy diciendo... de fantasía e ilusión.

# Capítulo XIV
## QR

Pongamos que estamos en el celebérrimo bar de Pozoantiguo llamado La Rosa de Oro (cuando era niño he de decir que este nombre me sonaba a lugar de vicio y perversión, luego me enteré de que es el nombre de la máxima condecoración que impone el Vaticano... Lo que es estudiar...) y que tienen pegado un código de barras en la mesa en el que están las consumiciones que ofrece la casa. Raudo y veloz saco mi teléfono y lo escaneo. ¿Aquí tienen algo que decir las Matemáticas? Pues claro, a estas alturas del libro ya no puede haber dudas. Y no solo a la hora de leerlo, sino que, si resulta que tras diez partidas de tute, dos de perejila y tres de mus, el QR se ha visto deteriorado de alguna forma, no hay problema, puedo seguir leyéndolo con mi teléfono porque las Matemáticas permiten corregir partes ausentes o deterioradas del código. Parece magia, ¿no?

Antes de seguir, avanzo que es imprescindible para comprender lo que viene saber algo de código binario. Para pasarse la explicación pincha <u>aquí</u>... que nooooo, que esto no es hipertexto... Señor, Señor...

Bueno, el código binario no es ni más ni menos que hablar con las máquinas en un lenguaje que ellas puedan entender.

¿Y qué entiende una máquina? Pues una máquina «piensa» con un montón de circuitos que tienen dos posiciones: circuito abierto o circuito cerrado. En esto se basa toda la Informática, *miatú*. Así (pero *mu* rápido) es cómo funcionan los ordenadores. Para entendernos con ellos le asociaremos un 0 al circuito abierto y un 1 al circuito cerrado. Así convertimos en Matemáticas la cosa (que es lo que todo el mundo desea...). Además, hay que dar unas reglas de cálculo que son muy sencillas:

$0 + 0 = 0$

$1 + 0 = 1$

$0 + 1 = 1$

$1 + 1 = 0$ (esta es la que puede chirriar un poco, pero es así).

Recuerdo un episodio de *Futurama* en el que el inefable Bender refería haber tenido una pesadilla llena de ceros y unos... ¡¡incluso había un dos!! Y Fry le decía: *No, Bender, no existe eso que tú llamas «dos»*. Por eso, y por razones en las que no voy a entrar, porque son «residuales» (esto es un chistaco para quien lo entienda, por cierto), $1 + 1$ no pueden ser 2.

Entonces, ¿cómo le diré al ordenador que abra y cierre los circuitos para decirme el número 5? O sea, ¿cómo puedo obtener un 5 a base de ceros y unos, que es lo único que el ordenador puede producir?

Pues aquí viene el asunto binario, voy a poner en una fila las potencias de 2 y debajo un espacio para que el ordenador rellene con ceros o unos

| 1 | 2 | 4 | 8 | 16 | 32 | ... |
|---|---|---|---|----|----|-----|
| _ | _ | _ | _ | _  | _  | ... |

de forma que el ordenador hará sus cálculos y pondrá un 1 debajo del número que quiera que yo tenga en cuenta y un 0 debajo del que no. En nuestro ejemplo del 5, diría

| 1 | 2 | 4 | 8 | 16 | 32 | ... |
|---|---|---|---|----|----|----|
| 1 | 0 | 1 | | | | |

(aquí los ceros a la derecha no valen nada, así que tras el último 1 los siguientes espacios no se dicen, tengo 101 por lo tanto).

O sea, hay que coger el 1 y el 4 (y sumarlos, esto no lo dice, pero lo hemos acordado el ordenador y yo que sea así) 1 + 4 = 5

Imaginemos que quiere decirme 13, pues

| 1 | 2 | 4 | 8 | 16 | 32 | ... |
|---|---|---|---|----|----|----|
| 1 | 0 | 1 | 1 | | | |

Por lo tanto, tengo que tomar el 1, el 4 y el 8. 1 + 4 + 8 son 13, y ya está.

Pero claro, no solo de números vive el hombre, sino que puedo querer trabajar con letras, para ello utilizaré el código ASCII (*American Standard Code for Informations Interchange*), que es un estándar en el que se ha asociado a cada letra y cada símbolo de los del teclado un número. Pues bien, en esta codificación la «á», por ejemplo, es el 160 (y pongo adrede la tilde para hacer caer en la cuenta al lector de que el código cambia según el carácter esté afectado por tildes o similares), así que, cuando quiera decir «á», el ordenador me tendrá que decir 160, pero, además, si ese número corresponde a una letra o al número 160 propiamente dicho. Luego veremos esto en los QR.

Tras estas nociones, vamos allá... empezando por qué significan la Q y la R. Pues bien, QR es la abreviatura de *Quick Response*. Creo que no necesita traducción. Y es un sistema de codificación bidimensional, lo digo por notar la diferencia de este con un código de barras, que es unidimensional. Al tener una dimensión más, la cantidad de información que puede albergar se multiplica, claro (hasta por cinco, *na* menos).

Lo primero en lo que debemos caer y que parece evidente es que la información está escrita en un sentido, que no es lo mismo empezar por una esquina, por así decirlo, que por otra. Este asunto no es baladí y no lo era ya en los códigos de barras. No sé si el lector se habrá dado cuenta de que el lector lee independientemente de cómo se le muestre el código de barras, y me refiero tanto por la inclinación como por la orientación arriba-abajo, lo cual no deja de ser maravilloso y tremendamente útil. Aquí pasa lo mismo, hay que establecer una forma de saber cuál es el sentido en el que se debe orientar el QR y eso el lector lo sabe porque la única esquina que no tiene cuadradito debe ser la inferior derecha, como puede verse aquí:

Inicio

Una vez orientado, tengo que empezar a escribir la información y, como estamos ya en la onda de los números binarios, pues irá en binario, pero con colores: un cuadradito negro significará un 1 y un cuadradito blanco, un 0. Esto tiene la ventaja adicional de que lo blanco no hay que pintarlo y es por ese punto donde empieza la información.

El sentido de lectura no lo voy a poner sobre el QR para no liar el gráfico, pero es este:

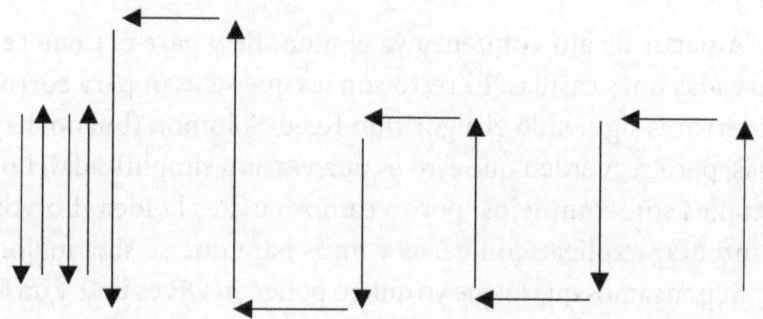

En primer lugar, tendré un cuadro dividido en cuatro cuadritos que, según el que esté negro, me dirá qué tipo de información viene después (¿recuerdan que 160 puede significar «á» o el número 160?). Así, podré saber que la información está en número, alfanumérica, byte/bite o en japonés (sí, en japonés) (1).

La segunda zona (2) me dice cuántos mensajes tiene el código completo, y tiene 8 cuadraditos pequeños que representan las potencias de 2 (para la codificación binaria de la que hablábamos antes), así que puedo representar números desde el 0 (si está blanca completamente) hasta el 255 (si está toda en negro, pues sería 1 + 2 + 4 + 8 + 16 + 32 + 64 + 128).

A partir de ahí comienza ya el mensaje y para él tiene reservadas unas casillas. El resto son las que se usan para corregir errores siguiendo el algoritmo Reed-Solomon (bueno, hay más, pero recuerden que esto es una versión simplificada). Los detalles son complejos, pero veamos cuál es la idea. Lo voy a intentar explicar con ceros y unos para que se siga mejor:

Supongamos que lo que yo quiero poner en QR es un 1 y un 0, un 10, vamos. ¿Qué pasa si la casilla donde está el uno es ilegible por una mancha, una quemadura, una rotura... lo que sea? Pues puedo añadir en otra parte del QR una casilla que me diga cuánto suma ese mensaje (en este caso 1 + 0 = 1), por lo tanto, si la primera cifra es ilegible y la segunda es un cero, la primera tiene que ser un uno por narices (o por webs, que se dice en estos tiempos modernos). De este modo puedo saber lo que dice sin problema... bueno, o no. La cosa es más complicada, porque puede haber errores que se compensen, pero esa es la idea.

Estos algoritmos que detectan y a veces se autocorrigen no son ninguna novedad, y llevan siendo usados mucho tiempo. Yo ya los estudié en la carrera y por entonces había dinosaurios sobre la Tierra... No digo más.

# Capítulo XV
# BAQUIS... BRACRIS... BASRCRIQUIS... ¡BRAQUISTÓCRONA! (UFF, QUÉ PALABRO)

Nunca ha habido en Pozoantiguo un *halfpipe*, sería mucho habérselo pedido a don Ismael Calvo, pero ninguno de los consistorios posteriores ha mostrado interés en ello... y no me extraña, no creo haber visto nunca a nadie en monopatín (o hay gente que dice «esqueibor»... Cómo está el mundo) por mi querida calle Matilla ni por ninguna, pero lo que es una verdadera pena es que nadie sepa que un *halfpipe* es una braquistócrona (sí, sí, como lo oyes).

Empecemos por el principio viendo qué es cada cosa porque habrá jóvenes que no sepan lo de la braquistócrona y «veteranos» que no sepan lo del *halfpipe* (yo sé ambas cosas por viejo y matemático, especie esta en peligro de extinción).

Un *halfpipe* es... bueno, mejor visualizarlo comprendiendo la palabra: *half* es mitad y *pipe* es una flauta, un tubo, algo de ese tipo. Si cortamos el tubo en sentido longitudinal, lo que tenemos es una forma que, agrandada, usan los que utilizan los monopatines para hacer sus trucos lanzándose desde la cortadura, por decirlo así, hacia abajo.

Una braquistócrona... bueno, también voy a recurrir a analizar la palabra en sí para su mejor comprensión, pero acu-

133

diendo al griego clásico en vez de al inglés (¿que no sirve para nada saber griego clásico? Vete a ver la última de Indiana Jones y me lo dices). La palabra está compuesta por βράχιστος, que significa «el más corto» y de χρόνος, que es el tiempo (de donde viene cronómetro, por ejemplo). En resumen, que es la curva que me da el menor tiempo, lo que quiere decir que, si tengo un punto más alto que otro y no en su misma vertical y quiero construir una rampa que vaya de uno a otro de manera que si dejo caer una pelota (un balón de reglamento decíamos en Pozoantiguo) desde el punto más alto llegue lo más rápido posible al más bajo, debo hacerlo «braquistócronamente».

No sé si alguna vez habrás pensando en ello (que va a ser que no, la-la-lará), pero la línea recta no es la solución, ni la parábola ni una cúbica ni otra que no sea nuestra amiga la braquistócrona.

Ninguna de estas trayectorias
de la bola será más rápida
que si sigue la curva
braquistócrona.

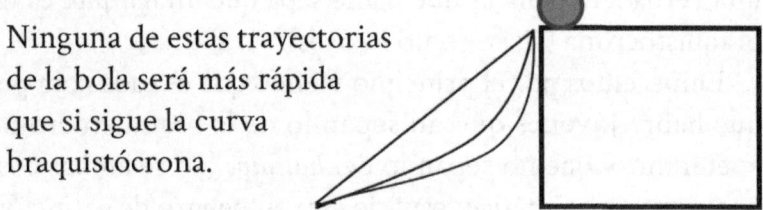

De esta forma, los *skaters* logran la máxima velocidad posible durante la bajada de un *halfpipe*. Como ves, no se ha elegido su forma al azar en absoluto. Pero hay más.

En muchos museos de la ciencia tienen este experimento, No lo dejes pasar la próxima vez que visites uno. Generalmente, tienen solo la mitad del *halfpipe*, pero en algunos lo tienen completo y ocurre que, si dejas caer dos pelotitas (una desde cada mitad) a la altura que os salga de la web (esta expresión encanta a mis alumnos, no sé por qué) en cada lado (y recalco que no tiene que ser la misma altura en los dos lados), ambas llegan abajo simultáneamente... aun estando como en el esquema siguiente:

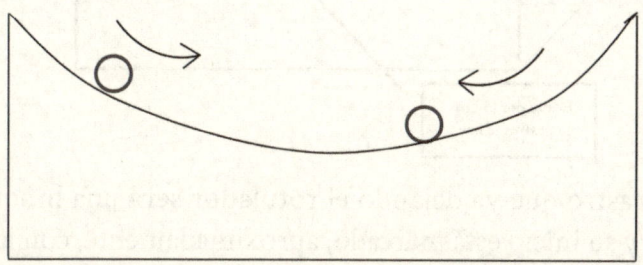

Pensando de nuevo en los *skaters*, da igual de qué parte del *halfpipe* se tiren, siempre llegarán abajo en el mismo momento que si se hubieran tirado de otra altura. Curioso, ¿no?

Os voy a proponer ahora una actividad para que los que seáis profesores castiguéis a vuestros alumnos con ella y los que seáis alumnos dejéis ojipláticos a vuestros profesores cuando os manden una actividad para subir nota y no sepáis qué hacer.

Necesitaréis: una caja de cereales vacía (o similar), una lata de conservas cilíndrica vacía o no (o similar), un rotulador, un cúter (si eres menor haz esto bajo la supervisión de un adulto... y si tiene dos dedos de frente, mejor) y un trozo de cinta adhesiva.

Colocamos el rotulador (la barra gris) pegado con la cinta adhesiva a la lata (el cilindro negro) y vamos haciendo rodar la lata por el borde.

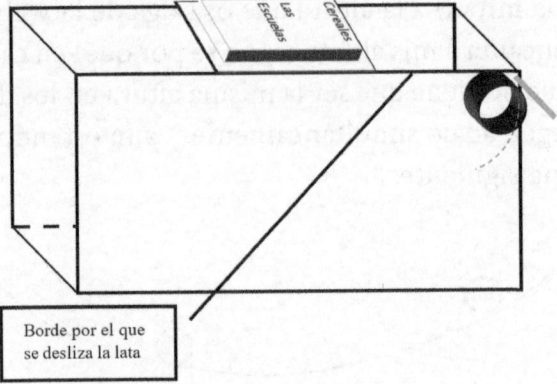

Borde por el que
se desliza la lata

El rastro que va dejando el rotulador será una braquistócrona y su inicio está marcado, aproximadamente, con la línea discontinua gris para que te hagas una idea de cómo va saliendo. Recortando por esa línea, tendremos una braquistócrona.

Si se te dan bien las manualidades, puedes coger una caja estrechita, hacer el corte por los dos lados y dejar caer bolitas para que rueden por ahí como antes vimos y hacer una demostración de altura.

*Halfpipe.* Elvas (Portugal)

# Capítulo XVI
## LONGITUD DEL TRAYECTO RECORRIDO POR LA LUZ EN EL VACÍO DURANTE 1/299792458 DE SEGUNDO... MÁS CONOCIDO COMO METRO

Pues sí, así se define en la actualidad el metro, como la longitud del trayecto recorrido por la luz en el vacío durante 1/299792458 de segundo. Aquello de la barra de platino iridiado que nos enseñaban en el colegio quedó muy atrás. Siempre me imaginé que debería haber habido una copia de esta barra en el edificio más emblemático de Pozoantiguo, Las Escuelas, pero no era así. Tampoco fue en términos de la velocidad de la luz el primer día que se reunió un grupo de personas para decidir cómo debería ser de largo un metro. Siempre que se han establecido unidades de medición se ha hecho a partir de cosas más tangibles: un pie, un codo, un brazo, la distancia que recorre una persona en una hora (de media, claro), y cuando se creó el SMD tras la Revolución Francesa, lo que se buscó fue que esta medida fuese independiente de circunstancias subjetivas (no medía lo mismo el pie de un rey que el de otro, por ejemplo) y que se mantuviera fija de ahí en adelante.

Hubo varios candidatos, pero, finalmente, la *Académie des Sciences* decidió que 1/4 del meridiano terrestre (cualquiera, claro, porque son todos iguales) se tomara como estándar y, una vez medido, para tener una unidad útil para la población se tomaría como unidad el resultado de dividir este cuarto de meridiano entre 10 000 000 y se llamaría a esta longitud «metro».

La explicación parece un poco artificiosa, pero está clara. Lo que no estaba tan claro en la época era cómo medir con exactitud un meridiano, y la respuesta, más o menos, es que por las bravas. Lo primero fue decidir qué meridiano sería más fácilmente mensurable Se barajaron varios: el que pasaba por Ámsterdam y Marsella, el que pasaba por Cherburgo y Murcia y el que pasaba por Dunkerque y Barcelona (como se puede ver, en la época Francia cortaba el bacalao en estos asuntos). Finalmente, el elegido fue el último, que «casualmente» pasa por París. He de decir que hubo problemas a la hora de medir por Barcelona porque coincidió con la Guerra del Rosellón entre Francia y España, pero al final se pudo hacer. Veamos cómo.

Nuestros amigos los triángulos nos sacan aquí del atolladero. Pocas figuras geométricas habrá que resuelvan tantos problemas como el triángulo (y con tres lados *na* más). Pongamos que quiero medir el tramo que comienza en un punto X y acaba en un punto Y. Evidentemente, es imposible encontrar un tramo totalmente llano, por lo que la medición no se puede hacer directamente sobre el terreno, y si en ese tramo hay una montaña o un lago, ya ni te cuento. Lo que se hace entonces es trazar triángulos imaginarios así: se elige un punto A de forma que la distancia XA sea fácil de medir con precisión. Seguidamente se elige otro punto B. Si disponemos de un teodolito (aparato que mide ángulos en horizontal) es fácil medir los ángulos AXB y XAB y, como la distancia XA es conocida por medición directa, puedo resolver por trigonometría el triángulo completo. Lo mismo pasa con el triángulo $AXM_1$, de donde sacaré la distancia $XM_1$. Seguiré creando una especie de malla en la que el siguiente triángulo tendrá como base AB, que lo habré calculado en el paso anterior y hará el papel de XA en los cálculos y sumando $XM_1$ con $M_1M_2$... saco la distancia.

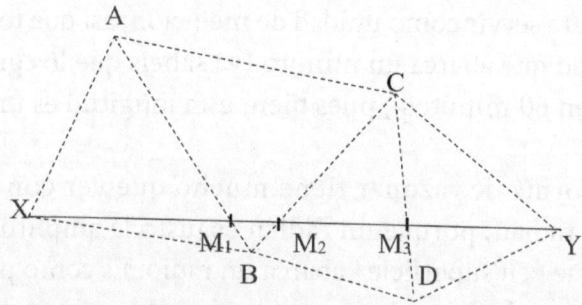

Luego vino la pelea entre franceses e ingleses sobre si el meridiano de referencia para medir longitudes sería el de París o el de Greenwich (si vas a Londres, mírate la pronunciación de esta palabra, que no es la que te imaginas... *That's English!*), llevándose esta vez los ingleses el gato al agua. Lejos quedaban los tiempos en los que el meridiano de Cádiz podría haber entrado en liza porque España ya en esa época pintaba bien poco en el escenario internacional, pero este meridiano fue fundamental durante siglos para la navegación de nuestra flota.

Para finalizar este capítulo, y como es sabido que no todo el mundo ha aceptado el SMD, os quiero explicar el origen matemático de la milla náutica. Si miráis por ahí, la milla náutica tiene una longitud de 1852 metros. ¿Será la distancia que puede recorrer un velero en una hora? ¿La de una ballena? ¿La de un vapor? Pues no. Si nos imaginamos que cortamos la Tierra por un meridiano, tendremos una circunferencia (ya sabemos que la forma de la Tierra no es perfectamente esférica, pero supongámosla así). Si nos imaginamos la división en grados de esta circunferencia, tendremos que cada uno abarcará una cierta porción de la superficie de la Tierra, pero esa cantidad es muy grande para servir como unidad de medición, así que tomemos la longitud que abarca un minuto (ya sabéis que los grados se dividen en 60 minutos), pues bien, esta longitud es una milla náutica.

Esta forma de razonar tiene mucho que ver con el concepto de radián, porque un radián es justo la amplitud de un ángulo que «en superficie» abarca un radio. Es como pensar al revés, en vez de fijar primero el ángulo y ver cuánto abarca en la superficie, se fija primero la superficie y se ve cuánto ángulo abarca. Hay que saber pensar bidireccionalmente, ya sabéis.

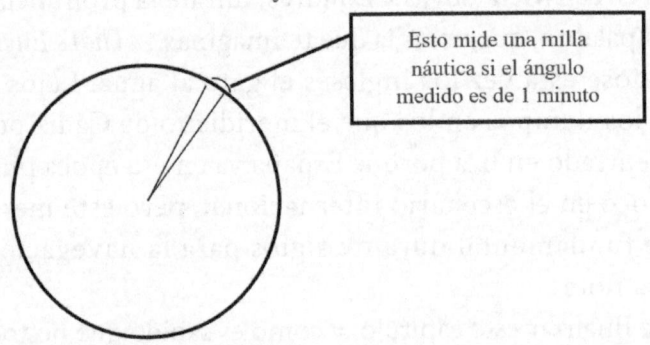

Esto mide una milla náutica si el ángulo medido es de 1 minuto

Para los que sepan un poco más de Matemáticas, añadiré que en las mediciones del meridiano intervinieron famosos matemáticos como Monge, Legendre o Lagrange (ahí es nada).

# Capítulo XVII
## EXPRESIONES IDIOMÁTICAS CON NÚMEROS Y UNA CURIOSIDAD

Doña Manolita, mi madre, era maestra. Nunca ejerció en Pozoantiguo, pero tuvo una larga carrera como docente en una época en la que el maestro era un faro de cultura en la comunidad. Siempre le gustaron las etimologías y en homenaje a ella, y porque creo que la cultura es muy importante, escribo este capítulo. Empezaré por una que conozco gracias a ella y que es la curiosidad que da nombre al capítulo.

*Montevideo.* Este es el nombre de la capital de Uruguay como es bien sabido. Su procedencia tiene varias teorías, pero a mí me gusta mucho la que me contó mi madre. Según esta etimología, este nombre no es más que una anotación geográfica que describe dónde está el lugar, ya que era el sexto monte mirando de este a oeste, es decir, el <u>MONTE VI</u> (en números romanos) <u>D</u>e <u>E</u>ste a <u>O</u>este. Juntando lo subrayado, sale el nombre la ciudad.

Vamos ya con las frases:

*Mantenerse en sus trece* (que debería escribirse «mantenerse en sus XIII»). Supongo que muchos lectores sabrán que en la Iglesia Católica no siempre ha habido un solo Papa. En ocasiones ha habido varios que se han arrogado tal dignidad. Una de estas ocasiones ocurrió en la época de Pedro Martínez de Luna y Pérez de Gotor, nombrado Benedicto XIII y llamado «el Papa Luna» por su apellido. Era un español de Peñíscola que no fue reconocido por Roma y se le pidió que dejara de hacerse llamar Papa. Él se negó hasta su muerte, manteniéndose en sus XIII, y de ahí la expresión.

*Ser un cero a la izquierda*: Esto significa no valer nada, pues, por poner un ejemplo, el 0 de 0185 ni siquiera se pone al no aportar nada al número. Parece una cosa muy evidente, pero habría que afinar un poco más porque hay números PIN (*personal identification number,* por si no lo sabías) que tienen ceros a la izquierda: el 0002 es tan válido como PIN como cualquier otro. Los que tenemos (la desgracia de tener, supongo) un DNI que comienza por 0 también sabemos que no es asunto menor, porque según el *software* que lo trate hay que añadirlo o no (aprovecho para desmentir que los que tienen un número bajo de DNI sea porque se lo han reciclado de un muerto, eso no es así ni nunca lo ha sido), y si hablamos de números decimales, el «cero coma…» no se puede soslayar, claro.

*Ser más chulo que un ocho.* Esta expresión viene directamente desde Madrid, de las verbenas de San Isidro en las que se iba vestido de chulapo. A estas verbenas se llegaba en el tranvía número 8, que llegaba, claro, cargado de chulapos y de ahí la expresión.

*Espera un momento.* En la antigua Roma una hora se dividía en cuarenta partes iguales, a diferencia de la actualidad, que se divide en sesenta (los minutos). Esas partes se llamaban, precisamente, «momentos», de donde viene la expresión.

*Cantarle a alguien las cuarenta.* Esta expresión, que viene a significar poner la «vara» sobre la mesa, viene del juego del tute. En él, si juntas rey y caballo del mismo palo, que es triunfo y haces una baza, puedes añadir cuarenta tantos a tu cuenta (ojo, tiene que ser en la primera baza que hagas) y eso te asegura casi ganar el juego porque la baraja contiene ciento treinta tantos (o puntos), con lo cual cuarenta suponen una cantidad bastante significativa.

*Cagarse en diez* (con perdón). Esta frase viene de la Guerra de la Independencia a partir del nombre de un general francés particularmente sangriento llamado Jean François d'Huez. La pronunciación, claro, se españolizó, y lo que debía ser «me cago en d'Huez» acabó en «me cago en diez» y sus variantes: mecagüen, cagüen, cagon y alguna otra.

*Ser la prueba del nueve de algo.* Esta es la más matemática de todas y viene de cuando las cuentas se hacían a mano. Así hechas, las cuentas tienen bastantes probabilidades de ser erróneas, por lo que había que tener algún método de comprobación. Esta comprobación andaba a vueltas con los nueves y se puede hacer con cualquier operación. Yo voy a poner aquí un ejemplo con la suma:

$$
\begin{array}{r}
523 \\
+204 \\
\hline
728
\end{array}
$$

¿Está bien hecha? (ya sé que no, leñe, es un ejemplo). Sumemos las cifras de los dos sumandos teniendo en cuenta que cada vez que aparezca un 9 (de ahí el nombre de la prueba) lo quitaremos.

Empecemos con el 523: 5 + 2 = 7, 7 + 3 = 10, quito 9 y queda 10 – 9 = 1. Sigamos con el segundo sumando a partir del 1 que acabamos de calcular: 1 + 2 = 3, 3 + 0 = 3, 3 + 4 = 7

Hagamos lo mismo ahora con el resultado final: si nos da 7, también es que estará todo correcto: 7 + 2 = 9, quitamos 9 y queda 9 – 9 = 0, y seguimos 0 + 8 = 8, que no es igual a 7, por lo que la cuenta está mal.

Parece fácil, pero ¿por qué funciona? Esto de sumar cifras y extraer nueves es lo que se llama extraer la raíz digital de un número. Esta raíz en realidad es sumar todas las cifras del número hasta que solo quede una y, en este proceso, los 9 no aportan nada porque, por ejemplo, si tomo el 89 resulta que 8 + 9 = 17 y 1 + 7 = 8. Si hubiera hecho lo mismo con el 80 en vez de con el 89, resultaría que 8 + 0 = 8 y la raíz digital sería exactamente la misma. Por lo tanto, la cuenta tendrá muchísimas posibilidades de estar bien si las raíces digitales de los datos coinciden con las del resultado.

Por cierto, que hay una forma de hacer esto mismo en menos pasos: si divido el número entre 9, me estaré quitando todos los nueves que contenga a la vez. Con tomar el resto ya tendré la raíz buscada. Con el ejemplo de antes 89/9 da 9 de cociente y 8 de resto, que es justo lo buscado, pero siempre es más sencillo sumar que dividir, ¿no crees?

Para rematar esto, podemos decirle a cualquiera que *tanto da 8 que 80*. ¿Las razones? Las acabo de explicar.

# Capítulo XVIII
## ¿POR QUÉ LAS CANCIONES NO SE REPRODUCEN EN EL ORDEN QUE DEBERÍAN?

Alguna vez os habrá pasado que al reproducir un CD grabado (o más bien quemado) por vosotros la canción cuyo nombre empieza por 2 no se reproduce después de la que empieza por el número 1, sino que se pasa al 10. Quiero decir que si se pusieran en un disco las típicas canciones de las verbenas de Pozoantiguo y sus nombres fueran (no son canciones inventadas, os lo juro por Darth Vader):

1. *Paquito el Chocolatero*
2. *No te vayas de Navarra*
3. *Mi gran noche*
...
10. *Sarandonga*
11. *El venao*
...

Habrá reproductores que pasen de *Paquito el Chocolatero* a *Sarandonga* directamente. ¿Y esto por qué es así?

Pues esto tiene que ver con cómo se ordenan los archivos en un ordenador, y tengamos en cuenta que el nombre de un archivo puede tener lo mismo letras, que números, que interrogaciones. El orden elegido para resolver este problema es el llamado orden lexicográfico, que es, ni más ni menos, el orden que se usa para colocar las palabras en un diccionario, el que usamos sin darnos cuenta cada vez que abrimos un diccionario de cualquier idioma... si es que hay alguien que lo haga a día de hoy. Eso quiere decir que se compara primero la primera letra de cada palabra. Si resultan iguales, se compara la segunda. Esto hace que «absolución» esté antes que «acercamiento» porque las dos empiezan por a y la segunda letra, la b en absolución, es anterior a la c en acercamiento. Lo mismo con la tercera, la cuarta y así sucesivamente. Eso también hace que la preposición «a» vaya antes de «absolución», lo cual no es ninguna tontería para lo que viene ahora.

Si conservamos esta forma de pensar para cuando son números, esto supondrá que el 23 irá antes que el 24 porque los dos empiezan por 2 y la cifra siguiente del 23 es menor que la del 24, pero también supone que el 10 irá antes que el 2 porque al comparar la primera cifra de ambos resulta que el 1 es más pequeño que el 2, por lo que el orden lexicográfico aplicado a números implica que el orden es 1, 10, 11, 12, 13, 14, 15, 16, 17, 18, 19, 2, 20, 21... y esta es la razón por la que tras reproducir la canción verbenera que empieza por 1 se salta a la que empieza por 10 en vez de seguir por la que empieza por 2 («ni más ni menos, ni más ni menos»).

Y ya de metidos en temas de ordenación informática... conocéis todos la opción *shuffle* de los reproductores. Ello hace que se reproduzcan las pistas «al azar», pero ¿qué quiere decir esto del azar? ¿Cómo se le hace entender a un ordenador que tome algo al azar? Este problema no es menor y no es fácil crear un algoritmo que cree números al azar. De hecho, cuando Apple sacó su algoritmo de aleatoriedad ocurría que las canciones se repetían «demasiado» porque la idea que tenemos de azar es que, si elegimos dos canciones en una lista de cien, es imposible que salga la misma las dos veces, pero eso no se ajusta a lo que es el azar en realidad. Cuando se elige algo al azar, hay más repeticiones de las que uno cree. Si hacemos el experimento de lanzar diez veces una moneda y paralelamente le decimos a alguien que se suponga los resultados, la cosa saldría más o menos así:

Realidad: XCXCXXXXCC
Lo que la persona supone: CXCCXCCXXC

Porque la persona sabe que la cara y la cruz son equiprobables, entonces, aunque tire pocas veces la moneda, la proporción cara/cruz debe ser 50/50, pero en la realidad no es así. El hecho cierto de que son equiprobables solo se materializa si repetimos muchísimas veces las tiradas, en tiradas cortas no tiene por qué.

Por lo tanto, tras las quejas de los clientes de la marca de la manzana, hubo que trucar el algoritmo para que dejase de ser buen azar y pasase a ser mal azar, pero mucho más cercano a lo que la gente cree que es el azar. Esto es como con los batidos de fresa, si alguna vez has batido fresas habrás visto que el producto final es blanco. Como la gente no identifica blanco con fresa, se le echa colorante para que parezca fresa «de verdad» cuando justamente es eso lo que debería hacernos ver que no lo es. Así se escribe la Historia... Ainsssss.

Por cierto, si alguna vez te has preguntado para qué sirve una tecla de la calculadora que pone RND (suele estar abajo a la derecha) hace esto justamente, genera un número al azar, un número *random*, como se dice modernamente para todo.

# Capítulo XIX
## ¿DÓNDE (CO*O) ESTÁ MI MÓVIL?

No, no voy a dar aquí ningún truco para encontrar el móvil ese que pusiste en silencio y luego no sabes dónde lo dejaste ni para recuperarlo si te lo roban. Los tiros no van por ahí. Va más bien por algo que seguramente no os habéis parado a pensar. Empecemos por plantear la situación.

Cuando Jonás llevaba a pastar a sus ovejas, no había *smart-phones*, ni siquiera teléfonos móviles, pero vamos a suponer que los hubiera habido y que Jonás hubiese llevado su rebaño muy lejos (pero muy lejos) de Pozoantiguo con un móvil en el zurrón. Pongamos que alguno de sus hijos hubiera tenido una urgencia y hubiera decidido llamarlo usando su propio móvil. ¿Cómo hace la señal del móvil que emite para encontrar el móvil de Jonás? ¿Manda una señal a todo el «mundo mundial» que en algún momento «chocará» con el móvil de Jonás, iniciando en ese instante la conversación? ¿O acaso el móvil de Jonás va dejando «miguitas» como hacía Pulgarcito para ser encontrado? ¿O quizá la señal va a un satélite que escanea la Tierra en busca del móvil de Jonás para encontrarlo?

Pues la respuesta correcta no es ninguna de esas, pero está más relacionada con las migas que con cualquier otra. Veamos cómo.

En primer lugar, hay que saber que las señales que los móviles lanzan cuando llamamos van al repetidor más cercano que tengamos. Ese se encarga de la gestión de esa llamada, de qué hacer con ella, vamos.

En segundo lugar, debemos saber que todos tenemos asociado un repetidor (al que llamaremos «casa») a nuestro móvil. Es el que más veces usamos para nuestras llamadas, el más cercano.

En tercer lugar, hay que saber también que las compañías telefónicas ven el mundo como un panal de abejas, un conjunto de exágonos (sí se puede escribir con h y sin h... no es como la herramienta de corte que utilizan los leñadores para cortar madera, que hay que escribirla obligatoriamente con h... porque, si no, se leería «aca») que rellenan el plano. Esto de rellenar el plano con azulejos, por así decirlo, es un problema muy interesante. Los que estéis aburridos de ver siempre los suelos y paredes rellenados con las mismas formas cuadradas o rectangulares podéis acudir a las Matemáticas para buscar ideas nuevas. Os aconsejo investigar la obra del artista-matemático M.C. Escher o simplemente visitar la Alhambra de Granada. Sobre esto se pueden escribir (y se han escrito) libros y libros, os lo juro por Alfredo Landa. Bueno, que me voy del tema. La malla que está formada por exágonos tiene en el interior de cada uno un repetidor que se encarga de gestionar las llamadas que tengan lugar en su zona.

Con estos ingredientes ya lo tengo todo preparado: cuando Jonás salga del radio de acción de su «casa», entrará otro exágono que recibirá la señal del móvil de Jonás (no hace falta que llame, el móvil lo hace sin tocarlo siquiera) y este le mandará un mensaje a su «casa» diciéndole: oye, tu cliente está aquí a mi vera. Si sigue andando, pasará a otra zona cuyo repetidor informará de nuevo a «casa» de que su cliente está con él.

Así, el repetidor de referencia de Jonás sabe en todo momento dónde está él, de forma que, cuando sus hijos llamen, el repetidor más cercano (que tiene una lista que le dice cuál es la «casa» de cada teléfono móvil) le mandará una señal al repetidor «casa» de Jonás, que sabe en todo momento dónde está su móvil, así que mandará una señal a ese repetidor en concreto y este mandará la señal a toda su zona con la seguridad de encontrarlo allí.

Por supuesto, esta es una versión simplificada del asunto, pero ¿no es maravillosa?

Antes de seguir, he de pedirles que tengan cuidado con sus teléfonos, yo puse el mío en modo avión, pero resultó que no volaba… En fin… ahora que sé dónde está mi móvil…

# Capítulo XX
## ¿DÓNDE ESTOY YO? (GPS)

Cuando utilizo aplicaciones como Google Maps o cuando ciertas aplicaciones me dicen que si les dejo saber dónde estoy para optimizar su funcionamiento, quizá no soy del todo consciente de cómo hacen para calcular mi posición, porque, al fin y al cabo, son cálculos lo que hay que hacer, claro. Por si alguien lo duda, todo en Informática es, en el fondo, un cálculo. Matemáticas, vamos.

Pues bien, esto se hace utilizando el sistema GPS (*Global Positioning System*), que, por si no los sabíais, tiene un dueño, que son los EE. UU. Si algún día estos deciden cortarnos el grifo, pues nada, se acabó. Por eso Europa lleva tiempo queriendo desarrollar una alternativa propia llamada Galileo, pero que no parece que acabe de despegar.

Si voy de paseo por Pozoantiguo, ¿cómo sabe mi teléfono si estoy en San Juan o en el Consistorio o en Las Escuelas? Pues resulta que este sistema tiene unos satélites orbitando a la Tierra que están pensados de forma que siempre haya, al menos, cuatro encima de mí. Estos satélites llevan relojes muy (pero que muy) precisos. Lo que hace mi móvil, en esencia, es decirle al satélite qué hora es según su reloj. Pongamos que son las 14:15:21. Esa información se la manda al satélite, pero no llega instantáneamente, tarda un tiempo en llegar (muy poco, eso sí, por eso se requiere de relojes extremadamente precisos, para que sean capaces de medir tiempos muy pequeños con exactitud), pongamos que medio segundo. Por lo tanto, a las 14:15:21,5 llega al satélite un mensaje que dice «son las 14:25:21». Así, el satélite sabe que el mensaje ha tardado 0,5 segundos en llegar. Como todos (espero) sabemos que $e = v/t$ y sabemos la velocidad de esas ondas y el tiempo que han tardado, calcular el espacio es inmediato.

Así, preguntándole a un satélite, me puede responder a cuánta distancia estoy de él. ¿Eso que me soluciona? Pues solo una parte del problema. Para entenderlo mejor vamos a suponernos un mundo 2D. Si el satélite me dice que estoy a 2000 kilómetros, ¿hay un único punto en el mundo que está a esa distancia del satélite y por lo tanto puedo saber exactamente dónde estoy? Claro que no, hay una circunferencia entera de ellos. Todos los puntos de la circunferencia de trazo discontinuo (centrada en el satélite) están a 2000 kilómetros del satélite, por lo que tengo que afinar más. Para ello le pregunto a otro satélite y este me dirá que estoy, por ejemplo, a 2002 kilómetros, con lo que habrá una circunferencia (trazo continuo) en la que podré estar. Como tengo que estar a la vez en la discontinua y en la continua, está claro que estaré donde se corten ambas... que desgraciadamente puede ser más de un punto, por lo que tendré que preguntarle a un tercer satélite y con la intersección de este último ya no me quedarán dudas.

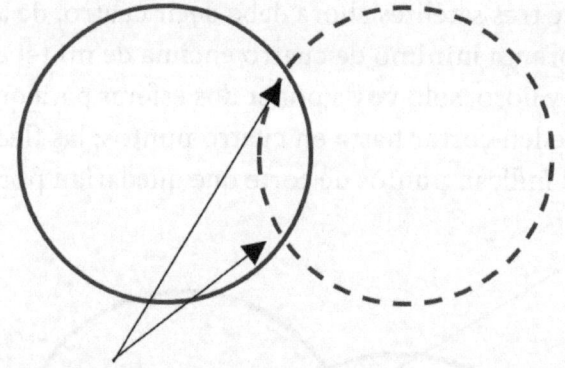

Dos puntos de corte (aunque si uno de ellos estuviese
en el espacio o en el interior de la Tierra, no habría problema,
porque se supone que yo estoy en la superficie)

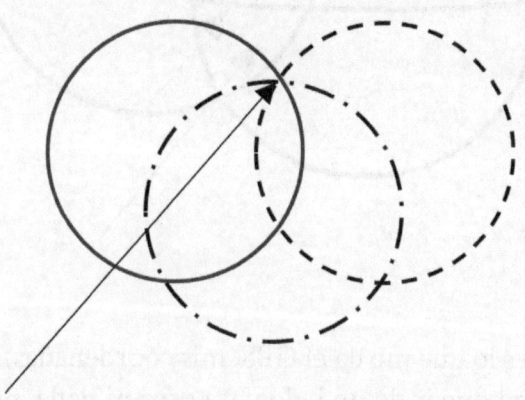

Con una tercera circunferencia el punto de corte ya es único

Falta ahora llevar el problema a mi mundo 3D habitual
(bueno, no sé si será lo habitual porque he visto que hacen
películas en 4D, ecografías en 5D...) en el que lo que cambia
es que donde dice circunferencia ahora debe decir esfera y

donde dice tres satélites ahora debe decir cuatro, de ahí el tener siempre un mínimo de cuatro encima de mí (el esquema
queda muy lioso, solo voy a poner dos esferas para que se vea
que se pueden cortar hasta en cuatro puntos; las flechas discontinuas indican puntos de corte que quedarían por detrás).

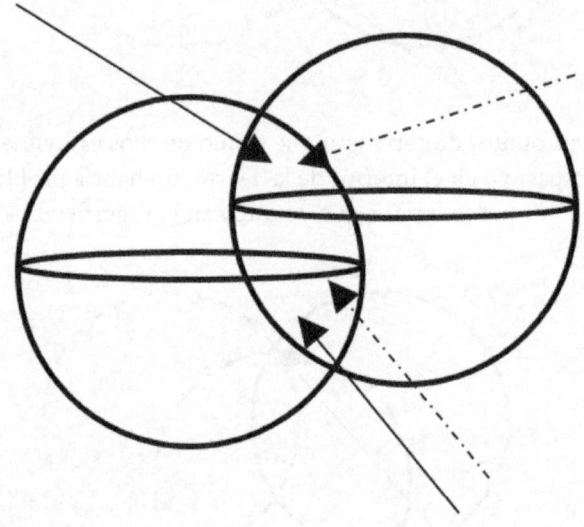

Y esto es lo que me da el GPS, mis coordenadas, no me dice
cómo tengo que ir de un lado para otro ni nada, no conviene
confundir el GPS con un navegador. Por eso luego surgie-
ron programas que utilizaban esa información más una base
de datos de mapas que tenían para, utilizando de nuevo las
Matemáticas, poder calcular las rutas entre dos lugares. Esto,
he de decir, no es un problema menor en absoluto. Si algún
lector quiere ampliar información, lo conmino a que busque

por ahí el «problema del viajante». Es muy interesante, pero muuuuuuuuuuy jo***do, Keeeeeeeeeevin.

Espero que todos comprendáis que esta es la versión simple del funcionamiento del GPS. En realidad, todos los cálculos ocurren dentro de mi teléfono, pero me parece más didáctico así contado. Luego aparecen problemas adicionales, como que la gran velocidad que llevan los satélites influye en su medición del tiempo o la diferente fuerza de gravedad correspondiente a la altura a la que orbitan. Quedémonos con la simplicidad del corte de esferas. Recordad, como siempre les digo a mis alumnos, que para calcular la intersección de figuras (da igual esferas que hiperboloides parabólicos que simples planos) basta con resolver el sistema de ecuaciones que se forma con las ecuaciones de las figuras. Este sencillo conocimiento os puede sacar de muchos atolladeros... Estáis avisados.

# Capítulo XXI
## LA CATENARIA

Aparte del ombligo del mundo (Pozoantiguo), hay otras poblaciones, no os creáis. Cerca de Pozoantiguo está Toro y allí unas ruinas que corresponden al Palacio de las Leyes... Bueno, básicamente quedan las puertas y poco más. Del dintel de estas puertas cuelgan dos cadenas de las cuales se dice que, si el reo de un delito era capaz de agarrarse a ellas de un salto, su pena sería conmutada. No he encontrado fuentes serias que avalen esto, pero como historia no está mal.

Esas dos cadenas están sujetas por sus extremos a sendos (apuesto a que casi ningún lector conoce el significado de la palabra «sendos»... pensadlo un momento... la solución al final del capítulo) puntos al mismo nivel igual que lo están los cables de la luz o las cuerdas de tender la ropa (cuando no tienen ropa).

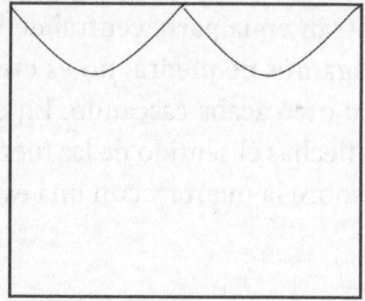

Y la forma que adquieren las cadenas, los cables y las cuerdas es siempre la misma. Ya expliqué en otro capítulo que no se trata de parábolas, tienen exactamente «forma de cadena», que dicho finamente se llama «catenaria» (que viene de cadena, claro). La forma parabólica solamente se adquiere cuando se pone un peso uniformemente distribuido tirando hacia abajo de ella, como el tablero de un puente colgante, por ejemplo, eso es lo que cambia la forma catenaria a forma parabólica. Tener una catenaria es muy fácil, basta con que toméis una cuerda por los extremos, la dejéis caer y ya está, catenaria al canto («de barater de buener»).

(Matemáticamente una catenaria es un coseno hiperbólico, una suma de exponenciales, pero sobre esto voy a saltar como quien no quiere la cosa para no perder audiencia.)

Vamos a *rasnep* («pensar» al revés, que todo hay que decíroslo...). Si ponemos al revés una catenaria, lo que tenemos es un arco (llamado «catenario»... qué le vamos a hacer...). Lo de los arcos merecería un capítulo (varios, de hecho) aparte, pero, por resumir, digamos que, si quiero construir una puerta en un muro, la primera intención es hacer una especie de letra pi.

Lo malo que tiene esto es que los pesos que se pongan encima se concentran en la parte central de la viga de arriba que, aunque la hagamos de piedra, no es eterna como Jordi Hurtado. Un día u otro acaba cascando. En este esquema he representado con flechas el sentido de las fuerzas que ejerce lo que se construya sobre la puerta y con una estrellita, el punto de rompimiento.

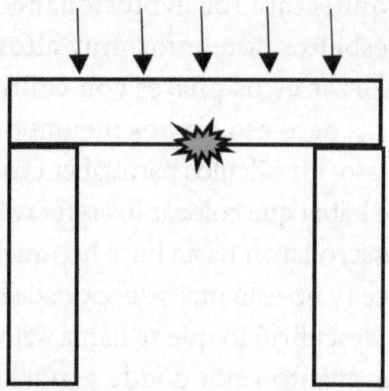

Para resolver este problema aparecieron los arcos. En un arco los pesos van empujando a las piedras (dovelas se llaman) que lo forman, pero estas se van pasando el peso unas a otras de forma que todo el peso acaba desviado hacia los pilares. Por lo tanto, pilares fuertes, arcos fuertes. Bueno, eso y que el suelo sobre el que estén puestos los pilares lo sea también. Si construyo en un cenagal, no hay que ser Aniceto Papandujo (más conocido como «el Brujo» en el mundo del hampa) para saber lo que va a pasar.

En el siguiente esquema pongo con flechas el camino que siguen las fuerzas que el arco recibe:

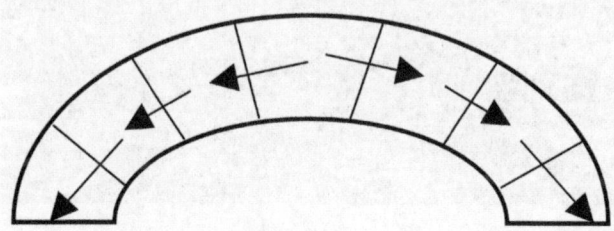

Cuando la arquitectura fue evolucionando y se quisieron hacer edificios esbeltos con arcos muy altos, no hubo más remedio que reforzar estos pilares con contrafuertes, arbotantes, pináculos... pero eso no nos incumbe ahora.

En cualquier caso, los cálculos para saber cuánto peso podían aguantar y dónde había que colocar los refuerzos en caso de hacer falta no se desarrollaron hasta hace no mucho. Antes se hacía un poco a ojete (y no está mal seleccionada la palabra, creo). Fue Hook quien descubrió lo que se llama «el viaje de las fuerzas», o sea, cómo, cuánto y por dónde se transmiten los pesos. En conclusión, lo que vio es que esta distribución seguía un arco catenario, no la forma concreta que tenga el arco en particular.

No obstante, resulta que el arco catenario está muy bien y es muy bonito y esbelto... siempre que no se le ponga peso encima. Así que lo que tenemos es una forma que se sostiene perfectamente a sí misma, pero a nadie más. Tan bien se sostiene que el monumento más alto de occidente es el Gateway Arch de San Luis, que es un arco catenario.

Fuente: https://www.gatewayarch.com/

Y también puede ser una forma bella de acabar un edificio. Gaudí era un apasionado de esto y en su obra podéis ver un montón de ellos: en la Casa Milá, la Batlló, el Colegio de las Teresianas, La Sagrada Familia... Allí podéis ver cómo lo hacía... Bueno, y en un episodio de *Las tres mellizas* también, ahí lo dejo.

Fotografía de Montrealais. Sin modificar*

En Valladolid podemos verlo en la Iglesia Conventual de Nuestra Señora Reina de la Paz.

Plaza de España. Valladolid.

Si algún avezado lector está pensando qué significa «avezado»… no, quiero decir… si está pensando cómo es que ese arco tiene peso encima, he de decirle que el arco no sujeta los pisos superiores, está sobrepuesto a la fachada. En esta toma lateral se puede apreciar mejor:

Pero como decía Steve Jobs: «*One step further*».

Si usamos esta misma idea para una superficie plana (un pañuelo, por ejemplo), no tenemos más que darle la vuelta sosteniéndolo por las cuatro esquinas (algo así como lo que hacían los albañiles para ponerse un pañuelo como gorro).

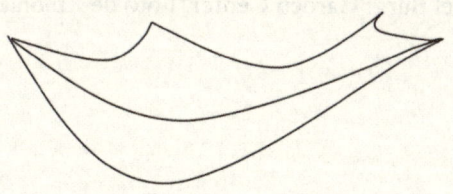

Si le doy la vuelta como hacía con el arco, lo que obtendré no será un arco, sino una cubierta (un techo, vamos) que no necesitará ni un (p**o) cálculo para realizarse, solo copiarla tal cual está. No sé si os dais cuenta del chollo que supone este hecho a efectos de construcción. Esto no me lo estoy inventando, se ha hecho ya. El arquitecto Heinz Isler construyó el Naturtheatre Grötzingen, el área de descanso de Deitingen, el Bürgi Garden Center y alguno más (del nombre se deduce que no están en Pozoantiguo... ni siquiera en la provincia de Zamora, por más que me gustaría).

Deitingen, el Bürgi Garden Center. Foto de Хрюша sin modificar*

Naturtheatre Grötzingen. Foto Mrs. Barbara Koch sin modificar*

En fin, varios cierres que utilizan la mínima cantidad de material y tienen una figura estilizada de esas que la gente con cultura denominamos «que lo flipas». Parece que flotan, ¿verdad? (qué fáciles son las *question tags* en castellano).

Aparcamiento del Museo de las Ciencias y las Artes. Valencia

Arco catenario. Manualidad de un servidor
(con motricidad fina regulera).
Por internet se encuentra la plantilla

Y vamos con el léxico prometido: *sendos* (no existe en singular): «uno cada uno» o «uno para cada uno de dos o más personas o cosas». A partir de ahora, si lo usas mal es porque quieres.

# Capítulo XXII
## MANOS A LA OBRA

Emilio es una de esas figuras que recuerdo ver todos los veranos por mi casa cuando era niño. Era, por así decirlo, nuestro albañil de cabecera. Sus conocimientos sobre albañilería, sin embargo, no llegaban a la altura de construir puentes, elemento arquitectónico que me encanta y al que voy a dedicar este capítulo. Bueno, no a todos, los que tienen arcos de piedra los dejo un poco de lado porque este tema ya se trató un poco en otro capítulo. Voy a ir mejor a los atirantados, que son los que me *encantiflan*.

Para entender un puente de estos no hace falta hacer muchos cálculos, basta con un par de cubos de agua, una cuerda resistente y una víctima... emmmm... un voluntario, quise decir.

Los más viejos del lugar tendrán en mente aquella escena de un niño castigado de rodillas con libros en los brazos. Yo eso no lo he visto ni conozco a nadie que lo haya visto, pero démoslo por cierto. A efectos de comodidad, voy a sustituir las pilas de libros por cubos de agua.

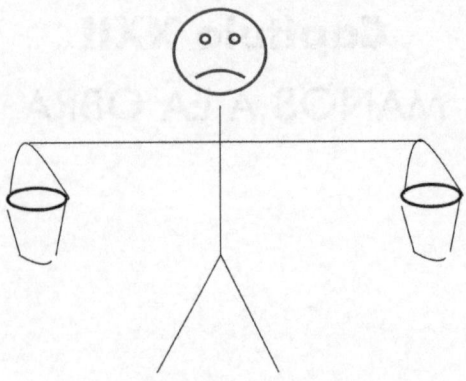

Pues bien, estos cubos de agua son como la carretera que va sobre el puente con los vehículos que pasan, corresponden al peso que tiene que sujetar el puente. La fuerza que tienen que soportar los brazos es mucha (no hay más que ver la cara del niño), por lo que no aguantará mucho rato en esa posición, así que cambiemos la situación. Ahora vamos a atar una cuerda a cada cubo y vamos a pasar la cuerda por encima de la cabeza del niño apoyándose sobre esta, como en el esquema.

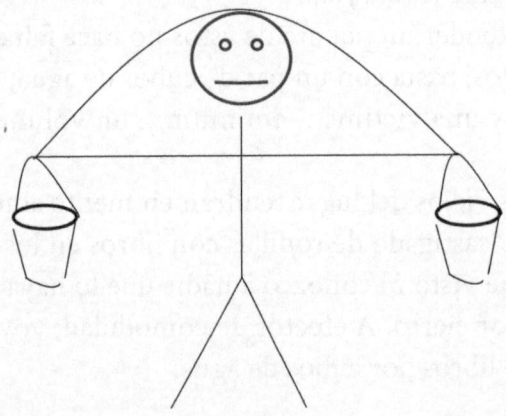

Ahora el niño notará muchísimo alivio en los brazos porque la mayoría de la carga recaerá sobre la cabeza.

Si pensamos ahora en un puente, esta cabeza (y el cuerpo que tiene debajo) sería el pilar del puente, por lo que debe ser robusto y estar colocado sobre un terreno firme, así aguantará muy bien los pesos.

Parece sencillo, pero imaginemos ahora que solo se pone un cubo de agua en una mano. ¿Qué pasará entonces? Pues que el niño-puente se ladeará y caerá con facilidad, por lo tanto, es muy importante cuando se construyen estos puentes irlos haciendo de forma simétrica para que los pesos de un lado no fuercen la caída del pilar central.

Aun así, puede que el niño no note aún alivio suficiente para estar así hasta que acabe la Primaria (sí, en aquella época se llamaban esos estudios igual que ahora, estamos ante un sistema educativo *vintage*...) y hay solución para ello. Si en vez de atar las cuerdas a los cubos, las paso por el asa y las ato a una pared, la cosa cambia radicalmente y el peso se sostiene prácticamente por sí solo (de nuevo no hay más que ver la cara del niño).

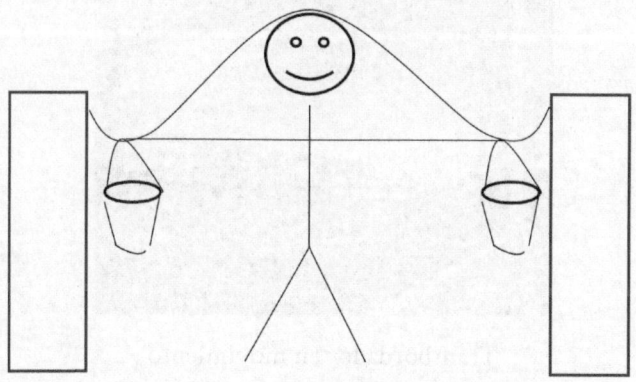

Usando este principio, puedo construir puentes muy largos utilizando pilares que hagan de «pared», como en el 25 de Abril de Lisboa, o incluso anclando a las orillas los extremos, como el puente colgante de Portugalete (creo que ahora se llama Puente de Vizcaya). En alguno de estos anclajes jugaba yo de niño, por cierto. Está claro que cualquier tiempo pasado fue anterior.

Este puente es muy curioso. Mi admirado Emilio (no el albañil, sino un trabajador del Museo de la Navegación de Sevilla, por quien tenéis que preguntar si lo visitáis, porque os atenderá de maravilla) me contaba que en Sevilla no había puentes antiguos porque eso haría el río innavegable para los barcos de la época. En Portugalete se encontró una solución para que la ría siguiese siendo navegable, pero poder pasar de una orilla a otra: se levantó un puente a una altura que no entorpecía el paso de los barcos y se colgaron de él cables de acero por los que se mueve un transbordador que no hay más que parar cuando pasan barcos para que no entorpezca el tráfico y operar con normalidad cuando no. En ese transbordador pueden ir personas y vehículos, como podéis ver en una foto más abajo:

Transbordador en movimiento

Anclajes a tierra del puente colgante

Los anclajes de la foto anterior conectan
en la zona señalada con las flechas

173

Interior del transbordador

Hablando de puente colgante y de cables, les voy a echar un cable a mis lectores conquenses: lo que hay en Cuenca son las Casas Colgadas, no colgantes. Advertidos quedáis, no-conquenses (nota mental, tienes que desinstalar el iCuenca, que te está ocupando memoria del teléfono para nada… Ainsssssss).

Ahora miremos con un poco más de cuidado cómo están construidos. Son puentes de hierro en su estructura y acero trenzado en su cableado y las formas que hace la estructura no están elegidas al azar, son una concatenación de una figura simple, humilde y fácil de construir… pero con una resistencia extraordinaria: el triángulo. ¿No os parece tan resistente? Os propongo una manualidad.

174

Toma tres palos de polo (de los helados, vamos... ¿Sabíais que polo viene de Marco Polo porque trajo la idea de sus viajes por Oriente? Su casa aún se conserva en Venecia, por si pasáis por allí) y algo de hilo.

Haced agujeros en los extremos de los palos y unidlos con el hilo formando un triángulo (apretad bien para que quede resistente).

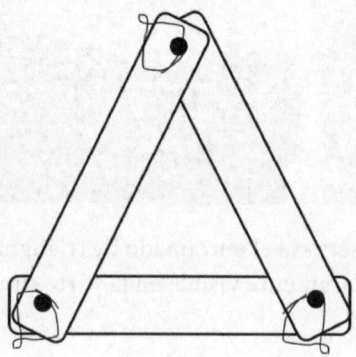

Una vez hecho esto, intentad deformarlo, empujad por las esquinas o por los lados. Veréis que resulta imposible. Ahora intentad lo mismo con cualquier otra figura: cuadrado, pentágono, exágono... veréis que tiene una resistencia de chichinabo (curiosa palabra esta si se analiza por partes, vive Dios), sin ejercer siquiera presión ya se deforman. Con los triángulos, por lo tanto, consigo una resistencia estructural enorme y, además, dejo pasar el aire a través del puente, con lo cual no me deben preocupar las rachas de viento (a no ser que sean hipohuracanadas... ¡qué grande Pepe Pótamo!).

Obsérvese el entramado de triángulos
más claramente visible en la parte superior

Puentes de este tipo hay muchos por el mundo. Pongo aquí alguna foto de uno que hay en Oporto (Portugal):

Puente Dom Luís I. Oporto (Portugal)

Pilar del puente

Vista más detallada de la geometría

Y luego quedan los cables que sujetan el tablero. Están compuestos por muchos subcables, por así decir, que van trenzados unos con otros y que le dan una resistencia que no os podéis imaginar a la tensión.

Una última curiosidad sobre los puentes: quizá habréis visto por televisión un puente del siglo pasado balancearse hasta romperse debido a vibraciones continuadas. Se trata del puente de Tacoma, en EE. UU.

Esto ocurrió por un fenómeno llamado resonancia. Un viento no demasiado fuerte hizo vibrar el puente y la vibración fue aumentando debido a que los cálculos durante la construcción no eran correctos, hasta que el tablero del puente acabó por romperse literalmente.

Pues bien, si vais a Londres y pasáis por el Albert Bridge, os encontraréis un letrero que dice:

*All Troops*
*must break step*
*when marching*
*over this bridge.*

O sea, que no se puede ir marcando el paso cuando se pasa por allí para no producir la resonancia que produjo el viento en el puente de Tacoma, así que, si vais muchos, ya no tenéis la excusa de que no sabéis inglés.

# Capítulo XXIII
## ¿TODO LO REDONDO ES CIRCULAR?

Parece una pregunta estúpida, lo sé.

Y, de hecho, desde un punto de vista lingüístico, lo es, pero no desde un punto de vista matemático.

Jeremías se sentaba a tomar el fresco a la puerta de casa en verano y yo me acercaba a hablar con él a veces, sentándome en el poyo de su entrada. De vez en cuando salía Agripina a hablar con nosotros, pero una de las cosas que más recuerdo (cómo son los niños) es una gran peca redonda que tenía en la frente (y que de niño yo pensaba que era una inmensa espinilla... Ainsssss) y sobre cuya forma me pregunto ahora de mayor, ¿era de verdad redonda? Es más, ahora me pregunto si ser redondo es algo perfectamente definido o no. Y lo cierto es que no.

Vamos a ver primero un poco la utilidad de la redondez en la vida a pie de calle. ¿Alguna vez os habéis preguntado por qué las tapas de las alcantarillas son redondas?

Pues la respuesta es que, gracias a esa forma, no se pueden caer dentro del agujero. Las pongas como las pongas, no caben. En cambio, si tuvieran forma cuadrada o rectangular, siempre la diagonal es más larga que cualquiera de los lados, por lo que, orientada la tapa en el sentido de un lado, siempre cabrá por el espacio de la diagonal y se caerá dentro (cosa no deseada, en principio).

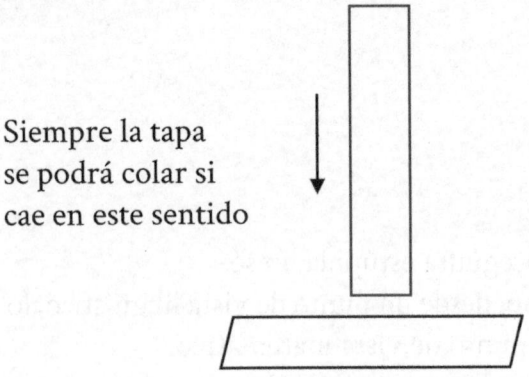

Siempre la tapa
se podrá colar si
cae en este sentido

Pero... ¿es la circunferencia la única forma que cumple esto?, o sea, ¿es la circunferencia la única forma redonda? Pues parece que sí pero no, hay otras (aquí es cuando viene un «¡oooooh!», no os olvidéis). La más famosa, quizá, es el triángulo de Reuleaux (eu = e cerrada, eau = o, la x es muda... Ya más fácil no os lo puedo poner) y se construye de forma muy sencilla:

Trazo un triángulo equilátero. Con centro en cada vértice y apertura igual al lado del triángulo trazo un arco que una los dos vértices opuestos, borro el triángulo original y está hecho. Y es totalmente redondo... ¿que no?

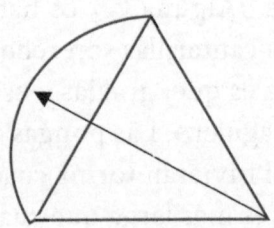

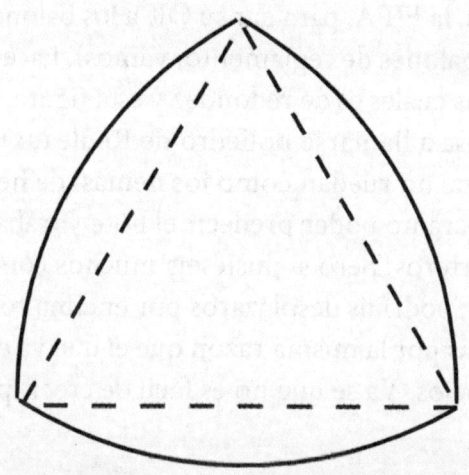

Imagen: Fangz~commonswiki. Sin modificar*

Pues si aceptamos que un círculo es redondo porque todas las líneas que unen dos puntos del borde pasando por el centro miden igual, esta lo cumple. Compruébalo, hombre de poca Fe (y no quiero decir que tengas anemia… ¡Chistaco este!).

Es más, es tan redondo que se podría hacer una bicicleta con ruedas con esta forma, y no lo digo por decir, es que se ha hecho ya. Pincha aquí y lo verás:

https://www.youtube.com/watch?v=BeOS9pG6vjU&ab_channel=PhillipMiller

Que nooooo, no pinches, ¡que esto no es hipertexto!

Aunque desde fuera parece que las ruedas dan altibajos, el que va encima no nota ninguna diferencia respecto a una rueda usual. Es más, la FIFA, para dar su OK a los balones (para convertirlos en balones de reglamento, vamos), hace varias pruebas, una de las cuales es de redondez y esta figura, hecha en 3D (entonces pasa a llamarse poliedro de Reuleaux), los pasaría. Es curioso que no rueden como los demás, de hecho, se usan balones así para no poder predecir el bote y trabajar los reflejos de los porteros, pero si pusieseis muchos como este y una tabla encima, podríais desplazaros por encima rodando como si fueran bolas por la misma razón que el que va en la bicicleta no nota altibajos. Ya sé que no es fácil de creer, pero es así.

Poliedro de Reuleaux

A estas alturas ya habrá alguno diciendo que esto es una frikada y que no tiene ninguna utilidad. Pues la tiene, sí, pero antes una batallita: cuando yo era niño, Fournier hacía mazos de cartas con coches de carreras. Debajo de la foto de cada coche estaban sus características y el juego consistía en ir sacando cartas, elegir una característica (la elegía el que tenía el turno) y ver cuál la tenía mejor. El que la tuviera mejor ganaba la carta del contrario, con lo que el juego se perdía cuando te quedabas sin cartas.

Pues bien, en una de esas categorías estaba el motor y la carta que ganaba a todas era la que tenía el motor Wankel. Nadie sabíamos qué era eso, pero parecía ser el no va más, y ahora sé lo que es, es justamente un motor que funciona con un triángulo de Reuleaux. Este motor no tiene tantas piezas como uno normal, por lo que es mucho más sencillo, no lleva pistones y es más silencioso y suave en su funcionamiento que uno tradicional. Con él se han ganado las 24 horas de Le Mans, carrera que yo diría que es bastante exigente. Ahí es nada.

Motor Wankel. Museo Nacional de Ciencia y Tecnología

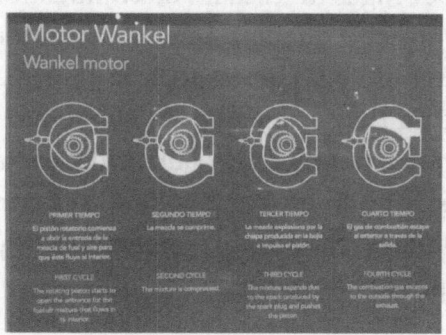

Funcionamiento del motor Wankel. Museo Nacional de Ciencia y Tecnología

También sirve para comprender por qué se produjo el accidente del Challenger. Para quienes no se acuerden, el Challenger era un transbordador espacial estadounidense que explotó antes de salir al espacio. Tras muchos estudios, parece que los problemas que dieron lugar al accidente estaban relacionados con la redondez. Sí, con la redondez. Estos transbordadores eran impulsados fuera de la atmósfera por cohetes que, una vez realizada su función, caían al mar y eran recuperados y reacondicionados para volver a utilizarlos. Cuando se separaban y caían (en varias piezas) se comprobaba que cada trozo seguía siendo cilíndrico, o sea, que la boca de cada trozo seguía siendo redonda para poder empalmar una con otra. Si no lo era debido al impacto al caer, se reparaba y punto. El problema viene si por un azar del destino, la forma que queda es «redonda» pero no es «redonda». No tiene que ser un triángulo de Reuleaux, hay muchas figuras que cumplen lo mismo, pero si intentas juntar un cilindro con la boca redonda «de verdad» con otra que lo es «a lo Reuleaux», pues resultará que no cuadra como debería, y por donde no cuadre puede haber fugas indeseadas de combustible, que parece que tuvieron mucho que ver en el desencadenamiento del accidente. Entre eso y las juntas tóricas parece que la cosa no tenía más que un fin posible que fue el que fue.

Aparte de esto, también hay curiosidades: monedas, edificios, vajillas... Todo esto se puede hacer con este tipo de curvas «redondas». Su nombre matemático, por cierto, es curvas de amplitud constante.

Convento de Santo Cristo de Tomar (Portugal)

Fachada y púlpito. Catedral de Valencia

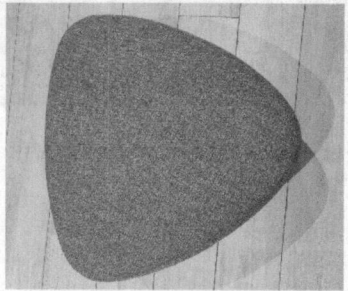

Taburete. Hotel Abba Sevilla

Un humilde plato. Feria de San Mateo. Elvas (Portugal)

Moneda de una libra. Reino Unido

# Capítulo XXIV
# EL TRUCO DE LAS VEINTIUNA CARTAS

Mi abuela Engracia poseía un estanco y una posada en Pozoantiguo. Como aficionado a la magia, siempre me he imaginado largas partidas de cartas en esa posada y, quizá, algún juego de Cartomagia, esa magia que se hace con cartas. Dentro de la Cartomagia se pueden hacer juegos matemáticos; eso se encuadraría más en la llamada Matemagia, la que se hace utilizando las Matemáticas.

Aunque es cierto que durante la Historia ha habido matemáticos que han visto en los números magia, entendida en el sentido religioso del término, desde mi punto de vista, magia y Matemáticas son términos que no tienen nada que ver por no decir antitéticos. Además, en estos años que soy aficionado al ilusionismo siempre me he resistido a hacer trucos con fondo matemático porque me parece casi imposible que el espectador no encuentre un patrón o una razón digamos «no mágica» que explique el efecto, y eso no debe pasar. Los buenos magos tienen un término que es «cerrar puertas», que significa no solo hacer un efecto mágico correctamente, sino también no dejar espacio a que el espectador encuentre explicación a lo que está ocurriendo (y me refiero no solo a una explicación correcta, hay espectadores que se inventan soluciones totalmente erróneas, pero que se las creen como correctas) y cada «puerta», por lo tanto, que da a una posible explicación del efecto se debe cerrar.

Aunque revelar secretos mágicos es un gran pecado en el mundillo (y con razón), no creo que pase nada por hablar de un juego archiconocido: el de las veintiuna cartas.

Creo que cualquier persona curiosa se habrá preguntado alguna vez qué hay detrás de este famoso truco y lo que hay son Matemáticas, claro.

Vamos primero a explicar cómo funciona el juego, lo que el espectador ve. Si ya conoces la mecánica, pincha aquí para pasar a la explicación (que noooo, que esto no es hipertexto...).

El juego parte con veintiuna cartas en la mano del mago que se van poniendo boca arriba en tres montones de una en una pidiéndole al espectador que memorice una carta. Al acabar de poner las veintiuna cartas en los tres montones, le pediremos que nos diga en qué montón estaba su carta. Cuando nos lo diga, recogeremos los tres montones con la única precaución de que el montón con la carta del espectador quede en el medio de los tres y pondremos el paquete con el dorso hacia arriba. Hecho esto, repetiremos la acción repartiendo de nuevo las veintiuna cartas, preguntando de nuevo por el montón en el que está la elegida, recogiendo los montones dejando el de la elegida en el medio y poniendo el mazo resultante de dorso. Realizaremos una tercera vez lo mismo, o sea, tres en total, con lo que el mago tendrá en su mano las veintiuna cartas de nuevo. Hecho esto es SEGURO que la carta elegida ocupa el lugar número 11 de las 21, o sea es la carta que tiene antes que ella tantas cartas como después (en Mates esto es la mediana, ya sabéis).

Pero ¿por qué esto funciona? *WTF???*, como se dice ahora (yo pensaba que WTF era *Wednesday, Thursday y Friday...* pero parece que no).

La explicación matemática es la siguiente (para facilitar el seguimiento de la explicación supongamos que las posiciones en que puede estar la carta numeradas del uno al veintiuno). Veamos cómo varían estas posiciones:

Cuando repartamos las cartas sobre la mesa, las posiciones quedarán así, estando la 1, 2 y 3 en el fondo de los tres montones y la 19, 20 y 21, en la parte superior.

| 1  | 2  | 3  |
|----|----|----|
| 4  | 5  | 6  |
| 7  | 8  | 9  |
| 10 | 11 | 12 |
| 13 | 14 | 15 |
| 16 | 17 | 18 |
| 19 | 20 | 21 |

Aunque al recoger no se sabe qué carta es, lo que sí se sabe es que la posición que ocupa es 7 más un número entre 1 y 7, y esto es igual a un número entre 8 y 14, entre las posiciones octava y decimocuarta, por tanto.

Siguiendo con esta forma de pensar vamos a repartir en tres montones de nuevo. Ahora la carta está en la posición que resulte de la posición en la que estaba partido por tres. Es decir, un número entre 7 + 8/3 y 7 + 14/3, lo cual es lo mismo que decir que entre la nueve y pico y la 11 y pico, que es como decir entre la décima y la duodécima.

Si repito la tercera vez, al repartir las cartas, la fila de la elegida estará entre $7 + 10/3$ y $7 + 12/3$, es decir, entre la posición 10 y pico y la 11, con lo que no le queda más remedio que estar en la 11… *et voilà*, los cálculos nos llevan a que la posición final pese a que parecía depender del azar está predeterminada (chúpate esa, intuición).

Nota final: lo primero que te dice cualquier libro de iniciación a la magia es que no hay trucos buenos y trucos malos, solo trucos bien presentados y mal presentados. Por ello hay que darle al juego dos factores: uno el dinamismo, el proceso de repartir tres veces las cartas puede ser pesado por lo que habría que buscarle una charla para hacerlo entretenido (no propongo ninguna porque soy un tío serio, con poca conversación y poca risa… Esto me hace pensar que si alguien dice que tiene una relación seria con otra persona… ¿¿¿es que nunca se ríe el uno con el otro???) y el otro darle un toque mágico a la revelación de la carta elegida. No vale con contar la undécima carta y decir «esta es, cha-na-niaaaa». Por ejemplo, yo propondría decirle al espectador que la carta ha tomado su esencia y, por lo tanto, su olor e ir olisqueando las cartas según las voy contando hasta llegar a la elegida y decir que esa es la que tiene el olor del espectador y, por tanto, debe ser la suya. Verás cómo el espectador se queda absorto y olvida la parte matemática del asunto. Le hemos «cerrado la puerta» (y en las narices, añadiría yo).

# Capítulo XXV
# (no hagáis rimas, por favor)
# SISTEMAS DE ECUACIONES, COMPOSICIÓN DE FUNCIONES, LÍMITES Y GOOGLE

He conocido muchas personas en Pozoantiguo y algunas de ellas con amplia cultura... pero de cultura coja. Se tiene la impresión de que tener cultura es conocer solo el ámbito de las letras (que es más agradecido y accesible) aunque no se sepa nada de ciencias. Era fácil oír a un gran amigo de mi familia, el señor Paco, hablar con erudición de Historia o de Filosofía, pero nunca de ecuaciones, y ello se debía, en parte, a algún maestro que pasó por allí más interesado en enseñar los Principios del Movimiento que los «quebrados», que se decía entonces. Si hubiera habido unas maestras bien preparadas como mis primas Pilar y María Jesús, otro gallo nos hubiera cantado. Esta situación no era nada exclusivo de Pozoantiguo, claro, pero hoy es más fácil encontrar a personas que hayan tenido contacto con las ecuaciones y no digamos con Google. Lo de los límites y la composición de funciones que se cita en el título del capítulo queda un poco más lejano para muchos, pero aquí vamos a ver cómo de forma natural las herramientas matemáticas confluyen. Es el archiconocido *page rank* de Google.

Una de las fortalezas que tiene Google es ser capaz de ordenar los resultados de las búsquedas de tal forma que lo que yo busco suele estar en los primeros lugares. Si busco, por ejemplo, «Real Madrid», lo normal es que el primer resultado sea el club de fútbol y no el Teatro Real de Madrid, cuyo nombre contiene también los términos de búsqueda. ¿Cómo hace Google para saber lo que yo quiero y que no tenga que hacer eso que casi nadie ha hecho en la Historia de la Humanidad, o sea, mirar más allá de la segunda página de resultados? Pues eso tiene que ver en primer lugar en cómo se les da importancia a las páginas. ¿Es importante una página porque tenga muchas visitas?, ¿porque tenga mucho contenido?, ¿por el tamaño de la empresa o gobierno al que representa? Pues no, ninguna de estas razones es buena para Google. La importancia de una página es el resultado de la cesión de «importancia» por parte de otras páginas. Veamos lo que esto significa: si mi página es importante, cada vez que enlazo a otra le cedo parte de mi importancia. Supongamos que mi página tiene una importancia de 10 y que tiene enlaces a cinco páginas. Entonces le estoy dando una importancia de 2 a cada una de estas páginas (10/5 = 2). En consecuencia, si muchas páginas enlazan a la mía iré sumando todas esas importancias que me llegan y eso hará de mi página una página importante.

En resumen, lo que hace importante tu página es que las demás páginas la consideren importante y por ello tengan enlaces desde sus páginas a la tuya.

Claro, al principio de los tiempos (los de internet, es decir, hace nada, aunque parezca que lleva toda la vida con nosotros), las páginas no tenían importancia asignada así que vamos a partir de igualdad de condiciones para todas y vamos a poner que todas tienen importancia por valor de uno. Pongamos un ejemplo muy tonto de una internet solo con cuatro páginas enlazadas tal como dice el esquema.

La página de Pozoantiguo que tiene importancia inicial 1 está enlazada a tres páginas, por lo tanto, le cede 1/3 de su importancia a cada una de ellas, tal como se ve en el esquema con flechas negras continuas (si es más fácil, podemos imaginarnos la situación como dinero, el dinero de Pozoantiguo se reparte entre Toro, Malva y Villardondiego a partes iguales).

La de Toro le cede la mitad (porque solo está enlazada con 2) a Pozoantiguo y Villardondiego (flechas negras discontinuas).

La de Malva le da toda su importancia a la de Villardondiego porque no enlaza con nadie más (flecha gris discontinua).

Y, por último, Villardondiego enlaza con Toro y Malva, por lo tanto, cede la mitad de su importancia para cada una (flechas grises continuas)

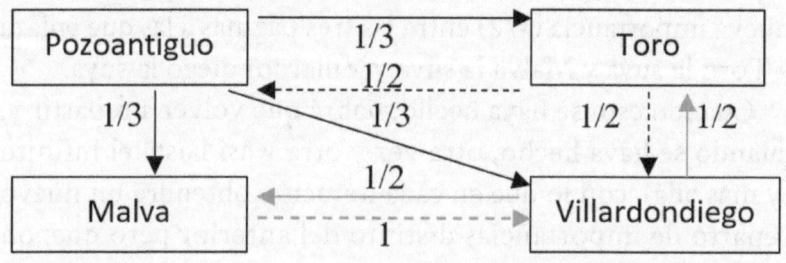

Entonces, una vez repartidas las importancias, resultará que la nueva importancia de cada una será la suma de todas las que le han dado las demás:

Pozoantiguo: 1/2 (la que le da Toro).

Toro: 1/3 + 1/2 (las que le dan Pozoantiguo y Villardondiego, respectivamente).

Malva: 1/3 + 1/2 (las que le dan Pozoantiguo y Villardondiego, respectivamente).

Villardondiego: 1/3 + 1/2 + 1 (las que le dan Toro, Pozoantiguo y Malva, respectivamente).

Tras este reparto, Villardondiego resulta el pueblo más importante de esta red (la señora Angelines, que, aunque vive en Pozoantiguo es de Villardondiego, estará muy contenta), porque las importancias han pasado a ser:

Pozoantiguo: 1/2
Toro: 5/6
Malva: 5/6
Villardondiego: 11/6

Pero esto no acaba aquí porque las importancias siguen repartiéndose igual. Pozoantiguo ahora tiene que dividir su nueva importancia (1/2) entre las tres páginas a las que enlaza y Toro la suya y Malva la suya y Villardondiego la suya.

Cuando esto se haya hecho, habrá que volver a repartir y, cuando se haya hecho, otra vez y otra y así hasta el infinito (y más allá), con lo que en cada iteración obtendré un nuevo reparto de importancias distinto del anterior pero que, oh maravilla, se va estabilizando de forma que tras unas cuantas iteraciones el valor obtenido es muy parecido al anterior, tiene un límite, y este límite es la importancia que le voy a dar a esa página.

Si ahora consideramos la matriz del sistema (llamémosla A porque me sale de la web) en la que en cada columna pongo las importancias que le da cada página a las otras (en el orden Pozoantiguo, Toro, Malva y Villardondiego, de izquierda a derecha).

$$A=\begin{pmatrix} 0 & 1/2 & 0 & 0 \\ 1/3 & 0 & 0 & 1/2 \\ 1/3 & 0 & 0 & 1/2 \\ 1/3 & 1/2 & 1 & 0 \end{pmatrix}$$

Esas iteraciones se corresponden con la composición de la función que reparte las importancias consigo misma y, como consecuencia, en la iteración enésima tendré que emplear la matriz $A^n$ para calcular el resultado.

Buen ejemplo este para explicar en clase el concepto de límite y el de composición de funciones, ¿no creen, lectores docentes?

Sobre el funcionamiento de Google habría mucho que hablar... o poco, según se mire, porque buena parte de su funcionamiento es secreto. A veces mis alumnos me preguntan si es verdad que uno se puede hacer rico desde el garaje de su casa y la respuesta es que sí... siempre que seas capaz de crear un algoritmo que no se le haya ocurrido antes a nadie y que nadie (hasta el momento) haya sido capaz de reproducir en su totalidad.

Sí me gustaría hacer referencia aquí de algo llamado el «factor de amortiguación» (*dumping factor* en inglés), que representa la probabilidad (de nuevo Matemáticas) de que un usuario no siga navegando haciendo clic en un enlace de la página en la que está, sino que se vaya a la barra de direcciones para empezar de cero, por así decir. Esto complica los cálculos, claro, y no es cuestión de enrollarse aquí.

Para acabar no puedo dejar de referirme a un factor que, a mi entender, está causando mucho daño en la sociedad. No sé si alguna vez habréis visto al hacer una búsqueda que lo que os sale en casa no es lo mismo que lo que os sale en el trabajo o en el ordenador de un amigo. Esto ocurre porque el algoritmo, viendo tu historial de navegación, reconsidera el orden de las páginas que te muestra en función de tu navegación pasada presentándote primero lo que cree que te va a hacer más tilín (o *clickín*, podría decirse aquí), lo que provoca una retroalimentación que puede ser insana. ¿No os habéis fijado en la polarización social que vive occidente? Pues se debe, en parte, a esto, a que Google tiende a ofrecernos resultados que están en consonancia con lo que queremos oír y tenemos la impresión de que el mundo es eso, que los que opinan de otra forma son una minoría y no merecen la pena ser escuchados. Pido a todos mis lectores que procuren visitar medios de todo signo para poder formarse una opinión de verdad fundamentada... Nos jugamos mucho con esto, os lo aseguro.

# Capítulo XXVI
## BALUARTES

No hay fortificaciones en Pozoantiguo. A pesar de estar en tierra de castillos, hay que acercarse a Toro para ver uno (unos ocho kilómetros). Toro fue una ciudad importantísima en el pasado, llegó a ser incluso provincia (diría que la única que ha perdido tal condición), pero el tiempo la ha tratado mal, ha ido perdiendo población a un ritmo agigantado y no parece que esto vaya a cambiar. No obstante, os recomiendo a todos que visitéis Toro; tiene un patrimonio riquísimo y un vino excelente (de esto seguro que os había llegado ya alguna noticia).

El castillo de Toro, que es a lo que iba, es medieval. Eso significa que las Matemáticas habían tenido un interés no demasiado grande en su construcción si lo comparamos con lo que vino después, el Renacimiento, el gusto por la simetría, la proporción, la belleza… De esta época son las fortalezas y los torreones pentagonales (llamados baluartes) que podemos ver en muchos puntos de América, Europa y particularmente en España: Badajoz, Pamplona, Jaca, Ciudad Rodrigo, Cádiz, Melilla… y que no se pueden comprender si no es desde un punto de vista geométrico. Voy a dar aquí unas pinceladas del diseño de una fortaleza abaluartada. A quien se le quede corto puede acudir a mi anterior libro, *Cerrar los ojos y abrir la bolsa*, en el que se trata todo esto muchísimo más en detalle.

Lo primero es comprender por qué castillos como el de Toro dejaron de tener sentido y les cedieron el testigo a fortificaciones como las de Badajoz, y la razón es, sin duda, la evolución de la artillería. En la Edad Media los muros se hacían altos porque estaban pensados para no ser escalados. Cuando la artillería empezó a perfeccionarse, esto dejó de tener sentido y los muros pasaron a ser bajos y gruesos para resistir las balas de los cañones (cada vez más potentes y certeros).

Sabiendo por qué los muros son como son, veamos ahora por qué se les ponía torreones tanto a los castillos como a las fortificaciones renacentistas. La razón es que, si se construye una fortaleza sin torreones, las bases de los muros quedan fuera del alcance de los defensores. Se producen ángulos muertos, que son totalmente inadmisibles. Por lo tanto, se impone colocar salientes desde los que dominar el muro de arriba abajo, y eso es independiente de la época, siempre hace falta.

Una vez decidido ya que los muros deben ser bajos y gruesos y que las torres son necesarias, hay que decidir qué forma deben tener para que produzcan la mejor defensa no solo de los muros, sino también de la campaña. Se encontró que la mejor forma era la pentagonal (no un pentágono regular, eso sí). A estos torreones pentagonales es, como decía, a lo que llamamos baluartes. Así, lo que voy a enseñar aquí es cómo diseñar el lado de una fortaleza pentagonal utilizando baluartes.

Omito aquí explicar cómo se traza un pentágono regular porque se puede consultar en innumerables libros y sitios web.

Lo que voy a explicar exactamente es cómo se traza la parte que he recuadrado con línea discontinua. El trazado total será replicar ese patrón cinco veces.

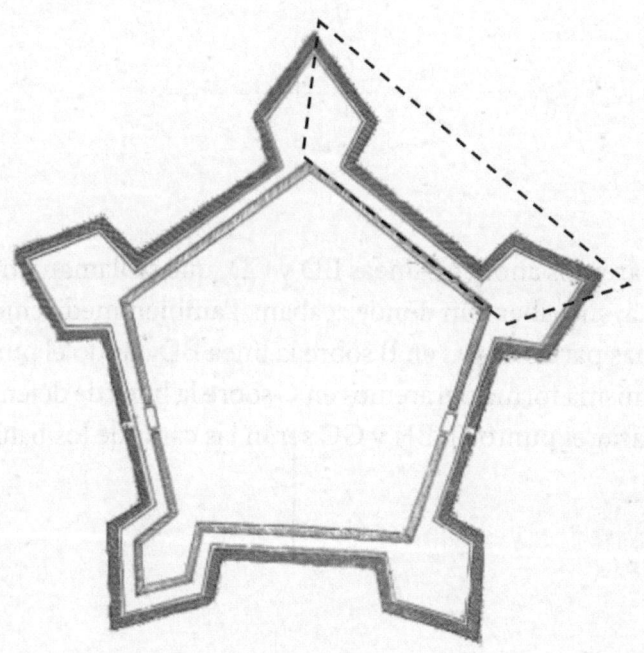

Partamos de uno de los lados del pentágono que sirve de base al recinto (BC). Calcularemos su punto medio I y trazaremos una perpendicular a BC por I (que forzosamente acabará en A, centro del polígono). A partir de I, mediremos la séptima parte de lo que mida BC, lo que nos dará el punto D.

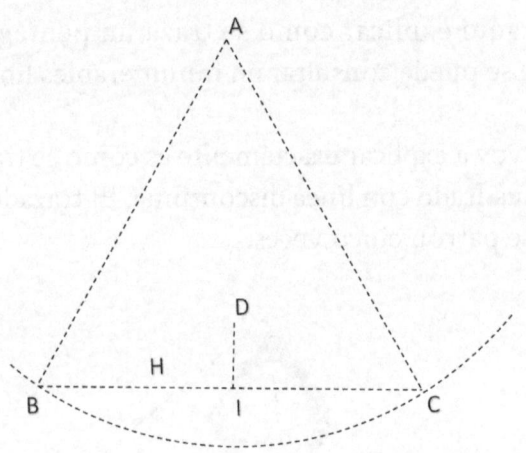

Tiraremos ahora las líneas BD y CD, que se llaman líneas de defensa, sin saber aún dónde acaban. También mediremos dos séptimas partes de BC en B sobre la línea BD dando el punto H. De la misma forma obraremos en C sobre la línea de defensa CD para sacar el punto G. BH y GC serán las caras de los baluartes.

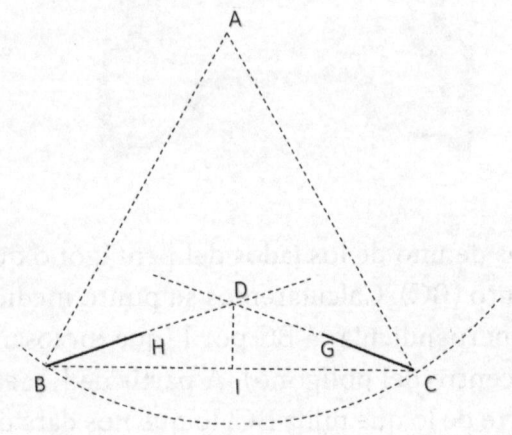

Seguidamente, con centro en G y radio hasta H se trazará un arco que cortará a la línea de defensa que parte de C en un punto E. Análogamente, desde H se hará lo mismo con el mismo radio cortando ahora a la línea de defensa que parte de B en un punto F. HE y FG serán los flancos del baluarte.

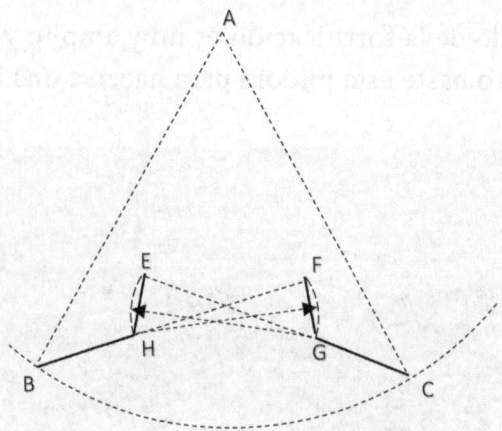

El muro (se llama cortina) será el lado EF.

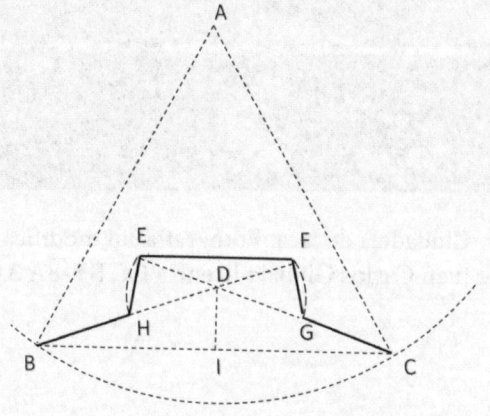

Como decía al principio, repitiendo esta construcción en todos los lados tengo todos los baluartes, pues lo que he construido hasta aquí son semibaluartes o medios baluartes, como puede verse en las figuras. Espero que lo hayáis entendido bien, que seáis tan listos como las aves, que lo cogen todo al vuelo...

El mundo de la fortificación es muy amplio y muy matemático, pero baste esta píldora para hacerse una idea.

Ciudadela de Jaca. Fotografía sin modificar
de Juan Carlos Gil bajo licencia CC BY-SA 3.0 es

# Epílogo

Estuve tentado de poner bibliografía al final, pero este libro es el resultado de toda una vida leyendo, escuchando, observando, aprendiendo... Sería interminable, así que lo siento, no podrá ser.

Finalmente, desear que hayan gustado mis chistes. Lo conseguiré si no hay químicos entre los lectores, porque siempre que les cuento chistes no hay reacción...

Gracias por haber llegado hasta aquí con la lectura. Espero que la hayáis disfrutado.

Esta edición de *Cómo las matemáticas conectan con tu vida
(aunque te fastidie)*, de Ángel Muñoz Álvarez,
terminó de imprimirse en noviembre de 2024.